中央高校基本科研业务费资助项目"基于美丽中国建设的绿色能源法律制度研究"(项目编号19CX04038B)的阶段性成果。

中国石油化工股份有限公司胜利油田分公司重点科技攻关项目"关于利益相关者视域下油田企业环境责任研究"(项目编号YKG1901)的阶段性成果。

WOGUO DANGDAI QIYE HUANJING
ZEREN YANJIU

我国当代企业环境责任研究

穆丽霞 马清彪◎著

中国政法大学出版社

2020·北京

声　明　　1. 版权所有，侵权必究。

　　　　　　2. 如有缺页、倒装问题，由出版社负责退换。

图书在版编目（ＣＩＰ）数据

我国当代企业环境责任研究/穆丽霞,马清彪著. —北京:中国政法大学出版社,2020.6
ISBN 978-7-5620-4400-0

Ⅰ.①我… Ⅱ.①穆…②马… Ⅲ.①企业环境管理－企业责任－研究－中国－现代 Ⅳ.①X322.2

中国版本图书馆 CIP 数据核字(2020)第 076219 号

出 版 者	中国政法大学出版社
地 　 址	北京市海淀区西土城路 25 号
邮寄地址	北京 100088 信箱 8034 分箱　邮编 100088
网 　 址	http://www.cuplpress.com（网络实名：中国政法大学出版社）
电 　 话	010-58908586（编辑部）58908334（邮购部）
编辑邮箱	zhengfadch@126.com
承 　 印	固安华明印业有限公司
开 　 本	880mm×1230mm　1/32
印 　 张	8.875
字 　 数	220 千字
版 　 次	2020 年 6 月第 1 版
印 　 次	2020 年 6 月第 1 次印刷
定 　 价	49.00 元

CONTENTS 目 录

第一章 引 言 1
第二章 企业社会责任及其理论基础 16
第一节 企业社会责任理论的历史演进 16
第二节 企业社会责任的内涵 22
第三节 企业社会责任的国际标准 26
第四节 企业社会责任的理论基础 32

第三章 企业环境责任及其理论基础 45
第一节 企业环境责任理论的缘起和发展 45
第二节 企业社会责任与企业环境责任的逻辑关联 49
第三节 关于"企业环境责任"的国际文件 53
第四节 企业环境责任的理论基础 60

第四章 我国当代企业环境责任制度的评析 75
第一节 建设领域的企业环境责任 75
第二节 环境行政许可领域的企业环境责任 94
第三节 企业环境信息领域的企业环境责任 126
第四节 环境经济政策领域的企业环境责任 142

第五章　美国企业环境责任制度及其实践考察 …………… 164
第一节　《国家环境政策法》 ………………………… 164
第二节　《清洁空气法》 ……………………………… 171
第三节　《联邦水污染控制法》 ……………………… 179
第四节　《超级基金法》 ……………………………… 187

第六章　德国企业环境责任制度考察 …………………… 195
第一节　《联邦污染防治法》 ………………………… 195
第二节　《循环经济法》 ……………………………… 199
第三节　《环境责任法》 ……………………………… 208

第七章　日本企业环境责任制度考察 …………………… 216
第一节　《环境基本法》 ……………………………… 216
第二节　《循环型社会基本法》 ……………………… 221
第三节　污染防治类法律 ……………………………… 225

第八章　强化我国企业环境责任的制度选择 …………… 232
第一节　政府层面 ……………………………………… 232
第二节　企业层面 ……………………………………… 243
第三节　司法层面 ……………………………………… 251
第四节　现有环保法律制度的衔接整合 ……………… 257

第九章　结　论 …………………………………………… 268

参考文献 …………………………………………………… 270

后　记 ……………………………………………………… 278

第一章
引 言

一、选题背景

企业作为社会财富的创造者,在追求经济利益最大化的同时,也给人类赖以生存的环境造成了严重的污染。纵观社会经济的发展历程,企业的价值目标追求时常与企业环境责任的承担相背离,企业片面追求利润最大化而忽视其作为公共环境资源的主要受益主体应承担的环境责任。

近年来,伴随着经济的高速发展,自然环境受到了严重的破坏,并对人类的生存环境造成严重的威胁。2015 年,致力于清除国际范围内有毒污染物的非政府组织"Pure Earth"在知名医学期刊《柳叶刀》上发表了一项研究报告,其中指出:环境污染比战争、饥饿、自然灾害更致命。该报告将污染的影响量化,并总结出:2015 年,每 6 例过早死亡的个例中就有一例与污染问题直接有关。环境污染造成当年全球范围内 900 万人死亡以及 4.6 万亿美元的经济损失,这些数字近年来也在逐步攀升。负责撰写报告的研究组还利用了美国国家环境保护局用于检测土壤和水源含毒量的方法,在多个发展中国家及最不发达国家中进行了检测,并发现国家或地区越落后,超标的现象越严重。该报告给出的数字是,92%的污染引起的死亡个例都来自欠发达国家。[1]

---

〔1〕 "污染比战争、灾难、饥饿更致命",载http://www.sohu.com/a/199870369_354973,访问时间:2019 年 9 月 6 日。

在我国，随着人口的增加与工业的快速发展，再加上城市规划的不合理，导致了环境各方面的严重污染，特别是人们赖以生存的空气和水资源的污染。①在空气污染方面，从《2018中国生态环境状况公报》的数据看，2018年在全国338个地级及以上城市中，仅有121个城市环境空气质量达标，占全部城市数的35.8%；217个城市环境空气质量超标，占全部城市数的64.2%；大部分城市都没有达标，[1]即便达标的城市有很多空气质量也只是达到了安全的要求，并不是完全无污染，真正空气无污染的城市在国内已经很少了。②在水污染方面，虽然根据《2018中国生态环境状况公报》的数据显示，在我国338个地级及以上城市的897个在用集中式生活饮用水水源监测断面点位中，有811个全年均达标，占90.4%。但是达不到饮用水源标准的四类、五类及劣五类水体却将近30%，地下水较差级和极差级达到了60%，加上城市周边工业废水、生活污水和其他废弃物不停地流入江河湖海等水体，远远超过水体的自净能力。相较发达国家，我国水体污染主要以重金属和有机物等严重污染为主。[2]以上种种情况导致了我国居民供水量低，水质差，严重缺水。③在噪声污染方面，2018年，我国323个地级及以上城市开展了昼间区域声环境监测，平均等效声级为54.4分贝。13个城市昼间区域声环境质量为一级，约占4.0%；205个城市为二级，约占63.5%；99个城市为三级，约占30.7%；4个城市为四级，约占1.2%；2个城市为五级，约占0.6%。319个地级及以上城市开展了夜间区域声环境监测，平

---

[1] http://www.cnemc.cn/jcbg/zghjzkgb/201906/t20190618_706932.shtml，访问时间：2019年8月16日。

[2] http://www.cnemc.cn/jcbg/zghjzkgb/201906/t20190618_706932.shtml，访问时间：2019年8月16日。

均等效声级为46.0分贝。4个城市夜间区域声环境质量为一级，约占1.3%；121个城市为二级，约占37.9%；172个城市为三级，约占53.9%；17个城市为四级，约占5.3%；5个城市为五级，约占1.6%。[1]噪声污染会给人们的生产生活带来一定的危害，相关的调查表明，地区的噪音每上升1分贝，高血压的发病率就增加3%。不仅如此，噪音还会影响人的神经系统，使人感到急躁、容易动怒。因为噪音会刺激神经系统，使之产生抑制，所以长期在噪音环境下工作的人，还会引发神经衰弱症候群的产生。

面对我国各个方面的环境污染状况，我们应当深刻认识到保护环境的紧迫性。由此引发的问题是：谁是保护环境的责任主体？这个问题的答案取决于视角的选择。基于本书是关于企业环境责任的研究，我们可以从利益相关者理论、环境资源价值理论、可持续发展理论等视角论证企业是承担环境责任的重要主体之一。企业在环境资源利用中获取利益的同时必然造成环境不同程度的污染和破坏，可以说，企业对环境资源的利用是造成环境污染和破坏的最主要因素。一方面，企业经济活动规模的扩张加大了环境资源的消耗；另一方面，工业废弃物的排放及随意堆弃更加重了环境的负担。特别是能源类、化工类企业对环境的危害最为严重。因为化工类企业在生产过程中普遍采用化学技术进行生产制造，由此产生了大量有毒的废弃物，如果不能得到有效的监管和控制，放纵这些废弃物的排放，将对环境产生严重污染。例如，在2018年生态环境部通报的江苏省盐城市辉丰生物农业股份有限公司（以下简称"辉丰公司"）的环境污染案例中，辉丰公司存在长期非法处置危险废物、违规转移和贮存危险废物、长期偷排高浓度有毒有害废水、

---

[1] http://www.cnemc.cn/jcbg/zghjzkgb/201906/t20190618_706932.shtml，访问时间：2019年8月16日。

治污设施不正常运行等环境违法行为。督察组在其厂区两处区域挖掘均发现有危险废物。其中一处掘深仅 1.5 米即发现黑色污泥，经鉴定属危险废物；掘深 3 米后渗出散发刺激性气味的黄色污水，甲苯、乙苯和二甲苯浓度严重超标。经对周边地下水取样监测，发现地下水已明显受到污染。此外，辉丰公司还长期利用雨天将含有有毒有害物质的高浓度废水排至厂区西侧水沟，进而汇入黄海。仅 2015 年，该公司利用暴雨时机就偷排高浓度废水 10 余次。甚至在督察组现场检查时，其仍擅自外排废水，废水化学需氧量浓度超标 1.61 倍。[1] 各类生产企业在生产过程中产生大量有毒废水、废气、废渣，如果不能在进行有效净化后再排放，将会对环境造成严重污染，以致破坏生态平衡甚至威胁人类身体健康。因此，企业消耗资源、使用环境获得经济利益，理应自觉对环境承担起环境责任。企业履行环境责任既是来自国家、国际社会的客观要求，也是企业自身可持续发展的主观动力。企业应积极履行环境责任，在未来竞争格局中赢得先机。企业环境责任是关涉企业运作、生产、设施的环境影响的责任，即减少浪费和废物排放，最大化资源的利用率和生产率，尽可能减少对未来后代享用国家资源产生的负面影响；[2] 要致力于可持续发展——消耗较少的自然资源，让环境承受较少的废弃物。[3]

---

[1] "生态环境部通报盐城市辉丰公司严重环境污染案"，载 http://www.gov.cn/hudong/2018-04/21/content_ 5284662.htm，访问时间：2019 年 9 月 6 日。

[2] PIOTR M., Corporation Environmental Responsibility: Is a common CSR framework possible, http://siteresources.worldbank.org/EXTDEVCOMSUSDEVT/Resources/csr-framework.pdf，访问时间：2019 年 8 月 15 日。

[3] 谢芳、李慧明："企业的环境责任与环境绩效评估"，载《现代财经》2005 年第 1 期。

第一章 引 言

在企业环境责任的实践层面上，欧盟国际组织以及各成员国走在了世界的前列。一些重要的企业环境责任制度应运而生，如环境信用评价制度、排污权交易制度、环境责任保险制度及清洁生产制度等。

瑞典是欧盟乃至世界开展环境保护最早的国家之一，也是在国际环境领域十分活跃的国家之一。瑞典的环境保险制度以强制责任保险为原则，并在其《环境保护法》第十章对环境损害保险作了专门规定。而其中最引人关注的部分，并不是强制保险政策，延伸生产者责任制度才是其发展的点睛之笔。1994年，瑞典就对废旧轮胎、废纸制定了《延伸生产者责任制度条例》，要求生产者有责任在产品生产之前了解如何对产品废弃后进行适当处理，以减少对环境的影响并实现节约资源的目的。2001年3月，瑞典正式宣布将产品导向的环境政策作为国家的产品环境政策。瑞典环境保护成功的另一个关键是法律体系的有力保障。作为法治化进程较早的国家，瑞典于1999年将历年制定的15个不同领域的环保法律进行了合并、综合、修改、增加，正式出台了综合性的《国家环境保护法典》，进一步明确规定了所有单位、个人的环保责任和义务。瑞典环境保护制度的重点是将环境污染的外部成本内部化为企业的经济成本，可见，企业是环境保护的重要责任主体。

德国作为欧洲经济最发达的国家之一，将高度发达的制造业作为支柱产业，其历史上曾经产生过严重的污染，但如今已成为世界上环境最好的国家之一。[1]现今的德国环境管理体系达到了较为完善的程度，公众参与环境治理的参与度高，政府设立的环境标准和环境监管制度十分严格，其《环境责任法》和

---

[1] 梁燕君："发达国家的环境保护及可借鉴经验"，载《对外经贸实务》2014年第4期。

《环境损害赔偿法》在国际上被称为"最绿色的环境法"。[1]德国之所以能在环境保护方面取得成功,与德国企业环境责任制度密不可分。德国企业环境责任制度主要规定在《联邦污染防治法》《循环经济法》《环境责任法》中。德国确立了"产废付款的机制,有效地利用经济手段和其他面向市场的方法来促进可持续发展、加快循环经济的发展。德国在循环经济的发展中,首先对垃圾的分类及处理作出详细和明确的规定。企业在生产过程中,总会有副产品,若副产品可循环利用,就不是垃圾;若企业内部不可再循环利用,可在不同的企业和地区间进行循环利用;若仍不可再循环利用,则为垃圾。德国《废物避免和处置法》规定,生产者对其产品废弃后的处理和处置将承担部分责任。1991年,德国首次就延伸生产者责任制度立法,制定并实施了《包装物条例》,要求生产商和零售商首先应减少包装物的产生量,其次要对用过的包装物进行回收利用。自2007年开始,德国开始推行环境责任保险,其责任范围超出了私法范畴,包括了公法范围的责任。

相较之下,我国在企业环境责任制度的立法及实践方面也有较大的突破。改革开放以来,伴随着社会经济的发展,我国已经跃居为世界第二大经济实体。与此同时,企业粗放型的经济发展模式对生态环境造成了严重破坏。作为经济快速增长的发展中大国,改革开放几十年来中国对环境的认知及治理实践,堪称一场从政府到企业、民间多层面不断迭代的"急行军"。基于生态环境的公共性,伴随其问题的凸显而被不断"建构"为重要的政治和社会问题,已被国家纳入重要政治议程。党的十八届五中全会提出了创新、协调、绿色、开放、共享的五大发

---

[1] 王汉玉、王垚、邓大跃:"发达国家企业环境责任制度的启示",载《吉首大学学报(社会科学版)》2010年第2期。

第一章 引 言

展理念,其中的绿色发展理念顺应了世界经济绿色发展的潮流,也符合我国生态文明建设的要求。从理念层面首次将生态文明建设入宪成为国家意志,到制度层面"政治话语生态化、环境治理法治化、税制结构绿色化"等环境治理制度体系逐步完善,再到将环境因素置于比 GDP 更重要的位置,建立党政同责、一岗双责的问责与评价考核等诸机制。绿色发展理念突破了传统观念的社会发展内涵,基于绿色发展理念的经济发展新常态要求,企业要自觉承担环境责任,立足于节约型的生产经营方式,加快调整和优化产业结构,重视科技创新。

由于环境利益及环境责任由全人类共享共担,因此公共责任的性质使得环境保护领域重复实践着"公地悲剧"理论。近代以来层出不穷的环境问题不断证明,建立并完善具体的环境保护制度是保障环境可持续发展的必经之路。企业履行环境责任必须要在相关法律法规的框架中实施,法律制度的强制规范可以督促企业积极履行环境责任,同时法律制度的监督机制可以推动企业完善其环境责任履行体系。从国家的层面看,政府作为企业环境责任监管的最主要主体需要改变治理观念,将环境因素作为重要的政绩考核指标,加强政府行政监管的主动性,调动民众参与监管的积极性,扩宽对企业环境责任的司法救济途径。政府应当做好环境保护的顶层设计,制定全国统一的环境保护规划,建立有利于推动企业履行环境责任的环境保护政策及具体的法律制度;从经营者的层面,企业应完善内部环境治理制度,建立清洁生产体系和环境责任评价体系,将环境责任纳入企业发展战略,融入企业管理体系,树立正确的企业发展观和价值观。[1] 2015 年 4 月 25 日,中共中央、国务院颁布

---

[1] 韩利琳:《企业环境责任法律问题研究:以低碳经济为视角》,法律出版社 2013 年版。

实施的《关于加快推进生态文明建设的意见》明确指出："生态文明建设是中国特色社会主义事业的重要内容……资源约束趋紧，环境污染严重，生态系统退化，发展与人口资源环境之间的矛盾日益突出，已成为经济社会可持续发展的重大瓶颈制约。"该意见从总体要求、主体定位、优化开发格局、健全制度体系、加强统计监测和执法监督等九个方面对我国的环境治理进行了详尽而具体的阐释，从原则要求到体系构建，再到执法监督，对当前环境治理提供了法律政策分析与协调的新途径和新思路。在新常态的理论背景下，继续推进和深化生态文明建设和环境保护成为中国可持续发展的机遇和挑战。适应和引领新常态，就是要创新环境管理方式，推动环境管理从过去的以行政审批为抓手，由政府主导转向以市场和法律手段为主导，更好地发挥政府在制定规划和标准等方面的引领指导。[1]目前，我国关于环境与资源保护、企业环境责任的立法框架已基本形成，如《环境保护法》《环境保护税法》《水污染防治法》《大气污染防治法》《渔业法》《矿产资源法》等。但是，关于企业环境责任立法仅仅是散见于各部门法和单行法中，涉及企业环境责任的具体实施办法比较粗略，原则性强而可操作性不强。

另外，法律的权威在于实施。"立法是一回事，法律的内容与法律的执行程度，更是问题的关键。将立法与执行面结合起来看，方能看出问题的全貌。"[2]如果已有的法律制度不能有效地适用于社会实践，就会形成"破窗效应"，有损法律的权威。改革开放以来，我国政府有关环境治理的政策持续推进，但过去一段时期甚至当下，"治理成效却不如预期"，仍旧难以真正

---

[1] 李庆瑞："新常态下环境法规政策的思考与展望"，载《环境保护》2015年第Z1期。

[2] 叶俊荣：《环境政策与法律》，中国政法大学出版社2003年版。

摆脱"问责不断、事故不止"的治理怪圈。[1]从最高人民法院和最高人民检察院发布的环境污染犯罪典型案例来看,"破窗效应"在环境监管领域广泛存在。例如紫金矿业集团股份有限公司紫金山金铜矿重大环境污染案。自2006年10月份以来,被告单位紫金矿业集团股份有限公司紫金山金铜矿所属的铜矿湿法厂清污分流涵洞存在严重的渗漏问题,虽采取了有关措施,但污染问题仍然没有得到有效解决,随着生产规模的扩大,该涵洞渗漏问题日益严重。紫金山金铜矿于2008年3月在未进行调研认证的情况下,违反规定擅自将6号观测井与排洪涵洞打通。在2009年9月福建省原环保厅明确指出问题并要求彻底整改后,仍然没有引起足够重视,整改措施不到位、不彻底,隐患仍然存在。2010年7月3日,紫金山金铜矿所属铜矿湿法厂污水池HDPE防渗膜破裂造成含铜酸性废水渗漏并流入6号观测井,再经6号观测井通过人为擅自打通的与排洪涵洞相连的通道进入排洪涵洞,并溢出涵洞内挡水墙后流入汀江,泄漏含铜酸性废水9176立方米,造成下游水体污染和养殖鱼类大量死亡的重大环境污染事故。2010年7月16日,用于抢险的3号应急中转污水池又发生泄漏,泄漏含铜酸性废水500立方米,再次对汀江水质造成污染。致使汀江河局部水域受到铜、锌、铁、镉、铅、砷等的污染,造成养殖鱼类死亡达370.1万斤,经鉴定鱼类损失价值人民币达到了2220.6万元。再例如腾格里沙漠污染环境案。自2010年以来,内蒙古自治区阿拉善盟腾格里工业园部分企业、宁夏回族自治区中卫市明盛染化公司、宁夏回族自治区中卫市工业园区部分企业、甘肃省武威市荣华工贸有限公司等企业通过私设暗管,将未经处理的污水排入沙漠腹地,对腾格

---

[1] 任丙强:"地方政府环境政策执行的激励机制研究:基于中央与地方关系的视角",载《中国行政管理》2018年第6期。

里沙漠生态环境造成严重危害。[1]此后四年间,一些地区的工业园一方面打着"生态循环经济"的旗号获得政府审批,另一方面却纵容很多高污染企业以及小作坊的生产,甚至一些国家明令关停的污染企业也在这里集中排污、逃避监管,工业园区成了其违法经营的"保护伞"。监管部门虽进行了整改与处罚,但环境监管失职、渎职严重。由于环境污染不断增量发展,超过当地生态环境的承载力,最终于2014年引发严重的沙漠污染。经调查发现,腾格里沙漠共有大小不等污水坑塘23处,污染面积266亩。涉案企业在环保设施没有完全建成的情况下,未经批准擅自投入调试生产,私设暗管向沙漠排放生产废水。2014年5月28日至2015年3月6日,仅荣华公司一家企业的污染物排放量就达271 654吨。其中187 939吨用于荣华公司投资建成的荣生沙漠公路两侧树木绿化灌溉,83 715吨通过铺设的暗管直接排入沙漠腹地。[2]可见,环境污染事故并非总是一蹴而就,而是长期排污、不断累积且得不到有效整治后从量变到质变的必然结果。

从以上案例反映的事实来看,我国目前的企业环境责任执行状况不佳,执行标准不够严格,使得环境污染行为不能得到有效地制止,这迫使我们关注现象背后的制度逻辑。十八大以来中央政府对生态文明高度重视,直至将其上升为国家战略,还被联合国环境规划署写入向全世界可持续发展推介的经验材料,这意味着生态文明建设也成为对国际社会的承诺。作为法律理论与实务工作者,基于促进生态环境保护的使命感,谨以

---

[1] "腾格里沙漠污染事件始末",载http://www.china-nengyuan.com/news/113892.html,访问时间:2019年8月16日。

[2] http://huanbao.bjx.com.cn/news/20170830/846663.shtml,访问时间:2019年8月16日。

企业环境责任制度为切入点，从不同的理论视角分析企业承担环境责任的理论依据，对我国及其他国家的企业环境责任制度进行比较考察，提出强化我国企业环境责任制度的路径选择，以期推动我国环境保护制度的完善，促进国家的生态环境建设。

二、研究方法

研究方法是人们在从事科学研究过程中不断总结、提炼出来的。由于人们认识问题的角度、研究对象的复杂性等因素，加上研究方法本身处于一个在不断地相互影响、相互结合、相互转化的动态发展过程中，所以在学术研究过程中，研究方法的选择是基于个体研究的需求而进行的选择。本书属于法律制度及其实施路径方面的实务研究，根据研究的需要，主要采纳了文献研究、案例研究、比较研究、学科交叉研究等研究方法。

（一）文献研究法

文献研究法主要指搜集、鉴别、整理文献，并通过对文献的研究形成对事实的科学认识的方法。文献研究法是一种古老而又富有生命力的科学研究方法。在研究过程中，笔者通过中国知网、维普、Law online、Springer 等重要网站以及国家电子图书馆查阅到了关于企业环境责任的已有研究成果，全面地了解掌握了国内外的研究现状。同时在全面搜集有关文献资料的基础上，经过归纳整理、分析鉴别，对已有的研究成果和研究进展进行了系统的分析，为当前的研究提供了强有力的支持和论证，基于现有的企业环境责任制度的历史发展以及存在的问题，明细了研究的思路。

（二）案例研究法

案例研究法是选择一个或几个场景为对象，系统地收集数据和资料，进行深入的研究，用以探讨某一现象在特定环境下的状况。案例选择的标准与研究的对象和研究要回答的问题有关，它确定了什么样的属性能为案例研究带来有意义的数据。针对法学学科的制度研究，选择一个案例或多个与研究问题相关的司法案例，进行案例内分析和交叉案例分析以用作确认或挑战一个制度设计或者理论选择。案例的使用与分析重在"以例证理"，本书选取的案例主要取材于关于环境责任的典型司法审判案例，通过分析法院的判决依据，对我国的具体环境责任制度进行反思，以提出具有可操作性的企业环境责任实现的具体对策。

（三）比较研究法

比较研究法可以理解为根据一定的标准，对两个或两个以上有联系的事物进行考察，寻找其异同，探求普遍规律与特殊规律的方法。"它山之石，可以攻玉"，基于企业环境责任制度的立法起源于美国、日本、欧盟等发达国家或地区，本书将采用比较研究的方法，对美国、日本、德国等国家的企业环境责任制度立法及其实践效果进行全面考察，在借鉴其成功经验的基础上，结合我国的实际情况，寻找符合我国国情的企业环境责任制度的实现路径。

（四）学科交叉研究法

学科交叉研究是指学科间的相互渗透，学术研究的精细分类使得学科之间的交叉点趋向增多。而在对特定问题进行研究时，不免涉及各种学科间的交错，需要进行跨学科、跨领域的问题分析，以便寻求更符合社会实际的问题解决思路。企业环境责任制度的研究涉及社会学、哲学、经济学、伦理学、法学等学科，采用这些学科的交叉研究方法，从多学科角度分析企业环境责任的理论基础，可以充分论证企业作为主要环境资源

第一章 引 言

受益主体承担环境保护责任的观点；以多学科交叉视角分析各国关于企业环境责任制度的立法状况，可以更加客观地总结出企业环境责任实现的立法规律和实施路径。

三、研究内容

本书的内容分为四大部分。第一部分是引言部分，以我国现阶段环境保护状况为背景，阐述企业承担环境责任的意义，并简要说明本书的研究方法和研究内容。第二部分为企业环境责任的理论基础部分，分别在第二、三章介绍了企业社会责任、企业环境责任的历史演进，总结相关国际组织、各个国家及著名环境学家对于企业社会责任、企业环境责任的内涵界定和国际标准，阐析企业社会责任和企业环境责任的逻辑关系及产生该责任的理论基础。第三部分为企业环境责任制度考察部分，第四章梳理了我国有关企业环境责任的各种法律规范，分类总结了我国建设规划、环境行政许可、企业环境信息公开、环境经济政策等领域的企业环境责任制度，并选取典型案例分析了我国企业环境责任在立法和司法层面存在的问题和实施困境。第五、六、七章分别梳理了美国、德国、日本的企业环境责任法律规范，以期通过对这些国家的企业环境责任制度与实践的考察，获取可为我国借鉴的制度经验。第四部分为我国企业环境责任制度路径部分，第八章依据前两部分的考察结论加以比较研究，分别从政府层面、企业层面和司法层面提出强化我国的企业环境责任制度的具体建议。每章的具体内容如下：

第一章分析我国环境的污染状况以及给社会带来的危害，引出环境污染问题的重要性和企业承担环境责任的必要性。纵观世界各国的环境保护立法及其实践，分析我国关于企业环境责任立法的紧迫性，据此说明企业环境责任制度的研究具有重要的现实意义。

第二章阐述企业社会责任及其理论基础。以时间主线梳理企业社会责任理论的历史演进，介绍比较有代表性的国际机构——世界企业永续发展委员会和代表性人物（卡罗尔、戴维斯）关于企业社会责任的定义，分析了多个关于企业环境责任的国际标准；然后，从所有权社会化理论、企业公民理论、利益相关者理论、社会契约理论等角度阐述企业承担社会责任的理论基础；从社会学、管理学、经济学角度阐述企业承担环境责任的内在和外在动机。

第三章阐述企业环境责任及其理论基础。以时间主线梳理企业环境责任理论的历史演进，辨析企业社会责任与企业环境责任的逻辑关联；以《OECD跨国企业行为准则》《环境责任经济联盟原则》、ISO14000环境管理系列标准等国际文件为样本总结关于企业环境责任的内涵与特征；从可持续发展理论、环境资源价值理论、外部性理论等角度阐述企业环境责任的理论基础。

第四章对我国企业环境责任制度进行立法评析。分别从建设规划领域、环境行政许可领域、企业环境信息领域、环境经济政策领域具体阐述企业环境责任制度在我国《公司法》《环境保护法》《环境影响评价法》《循环经济促进法》《清洁生产法》《矿产资源法》《水污染防治法》《大气污染防治法》《固体废物污染环境防治法》《税收征管法》《企业所得税法》等部门法中的体现，并结合具体司法判例分析我国在相关立法和司法适用中存在的问题。

第五章是关于美国企业环境责任制度的立法及其实践考察，主要介绍美国《国家环境政策法》《清洁空气法》《联邦水污染控制法》《超级基金法》中关于企业环境责任制度的相关规定，并援引经典判例（卡尔弗特·克利夫协调委员会诉美国原子能委员会案；自然资源保护协会诉美国国家环保局案、地球之友诉莱德劳公司案、纽约州诉海滨房地产公司和唐纳德·利奥格兰德案）分析美国的司法实践。

第六章是关于德国企业环境责任制度的立法考察。针对德国关于企业环境责任制度的《联邦污染防治法》《循环经济法》《环境责任法》三部法律规范，本书阐述了德国《联邦污染防治法》的基本原则和主要内容；阐述了《循环经济法》的主要内容和特点，具体分析了承担循环经济行为的责任主体；阐述了《环境责任法》的主要内容，重点关注了《环境责任法》中的因果关系推定和无过失责任原则、保险责任和合法企业的设备责任。

第七章是关于日本企业环境责任制度的立法考察。本书考察了日本《环境基本法》《循环型社会基本法》《污染防治法》一系列的公害防治法律规范的主要内容和基本原则，重点关注了《循环型社会基本法》中的企业责任和环境责任的"生产者负责"原则。

第八章是关于我国强化企业环境责任的制度选择部分。分别从政府层面、企业层面、司法层面寻求企业环境责任履行的制度保障。从环境管理标准、政府环境监管体制等方面分析政府应当履行的职责；从企业内部控制、环境责任保险、生产者责任延伸等方面分析企业应当履行的环境义务；从诉讼提起主体、诉讼流程等方面分析司法介入环境保护的有效途径。

第一章
企业社会责任及其理论基础

第一节 企业社会责任理论的历史演进

企业社会责任概念最早产生于 20 世纪初的美国，基于社会学界越来越密切的关注，国内外学者对企业社会责任的内涵给予了不同的界定。随着经济发展模式、社会环境和自然环境的不断改变，人们对企业社会责任的外延也不断加以扩展和深化，最终形成了更加现代的企业社会责任理论。

一、企业社会责任理论的缘起

企业社会责任观念发端于美国。1899 年，美国钢铁集团公司的创始人安德鲁·卡内基根据其多年的商业管理经验，出版了《财富福音》一书。在该书中，他总结了自己的商业实践，首次提出了"公司社会责任"的观点。此观点主要建立在两个基本原则的基础上：一是慈善原则，二是管家原则。在对两个原则的内涵进行阐释时，卡内基秉持了类似家长主义理念，把员工和顾客看成缺乏使自己获得最佳利益能力的小孩，商业主作为家长在制度设定和利益分配时要保护员工和顾客的利益，以体现企业社会责任的保护功能。基于社会分配正义理念，卡内基提出的慈善原则要求比较幸运的社会成员去帮助那些不幸运的社会成员，包括失业者、残疾人和老年人，通过社会财产的再分配以实现公共福利。[1]随着社会财富分配不均现象的增多,社会慈善的需要远远超过了拥有巨额财富并乐善好施者的预期,人们逐步认识到,慈善不再仅仅是公民的个体义务,发展慈善事业、出资帮助不幸者的责任就自然落到了企业的肩上。卡内基还认为,企业是为社会其他人"托管"财物,所以企业可以也应当把赚取的利润投入到社会认为合法的任何用途上;当然,作为一名商人,他也没有否定,企业的重要目标是认真看管这些社会资源并谨慎投资,使其经济效益最大化。[2]卡内基提出的"公司社会责任"的初始含义完全是针对大企业而言的,而且主要是一种企业家个人的慈善行为,慈善的对象是社会的弱势群体。他提出"公司社会责任"是基于主观上增加自身的财富,从而客观上达到增进社会财富的效果。[3]卡内基的"公司社会责任"在当时没有引起多少学者和实业界人士的注意,这与当时工业化后期社会的主流观念还是以企业利润最大化有关。

1905年,美国学者约翰·戴维斯在他所著的《公司》一书中指出,一个由社会创造的企业理所应当对这个社会负有责任。戴维斯提出的这一观点的理论依据就是公司由社会创造,理应回报社会。企业社会责任就是指企业的决策者在追求企业自身经济利益的同时还必须负担的采取措施保护和增进社会整体福利的义务。从现实社会活动来看,企业承担这样的义务没有丝毫的强加成分,作为全社会的一员,企业既然拥有享受社会资源、环境等各种便利的权利,基于权利义务相一致的原则,也

---

[1] Andrew Carnegie, *The Gospel of Wealth*, The Century Company, 1900, pp. 158~161.

[2] 陆月娟:"论安德鲁·卡内基的财富思想",载《社会科学家》2005年第6期。

[3] Andrew Carnegie, *The Empire of Business*, The Century Company, 1902, p. 138.

自然要有保护和改善社会环境、资源的义务。[1]

二、企业社会责任理论的形成

20世纪20年代，美国企业的所有权与经营权开始发生分离，企业社会责任理论也逐步获得广泛的认可。第一，企业的管理者是受托人，企业赋予受托人相应的权力和地位，受托人在行使管理权时不仅要考虑企业的利益和股东的利益，而且要满足顾客、雇员和社会的相应需要。第二，管理者认为自己有义务并且有能力来平衡公司、股东、雇员、消费者等各利益团体之间的利益冲突。第三，管理者接受"企业应回报社会"的观点，意识到企业必须具有社会责任感。

1924年，美国学者谢尔顿在《管理的哲学》中提出，工业的目标不单纯是生产商品，而是生产社会公众认为有使用价值的商品。他把企业社会责任与企业经营者满足社会公众的产品消费需要的义务联系起来；同时，他认为企业社会责任不仅仅包括强制性规范，还包含一定的道德因素，主张企业经营者应该将社区利益的保护作为评判企业业绩的标准之一，呼吁企业为社区提供服务，增进社区利益。谢尔顿对"公司社会责任"的阐述，明确地表达了对"公司社会责任"观点的认可。由此我们可以推定，现代企业社会责任基本上形成于20世纪20年代，其标志是提出了企业社会责任的概念，并在当时的工业化国家中产生了不同程度的影响。[2]

---

[1] [英]摩根·威策尔：《管理的历史：全面领会历史上管理英雄们的管理诀窍、灵感和梦想》，孔京京、张炳南译，中信出版社2002年版。

[2] Oliver Sheldon, *The Social Responsibility of Management*, Sir Isaac Pitman and Sons Ltd., 1924, p.74.

三、企业社会责任理论的发展

随着工业化的发展，国家内部的发展差距逐步加大，国家之间的发展差距也越来越大，由此导致的财富分配的不平等引发了经济全球化的危机。特别是某些国家或某些企业的不合理发展对世界安全和生态环境带来巨大威胁。面对日益突出的社会问题，国际社会、各国政府更加关注企业的社会责任，企业社会责任理论在此背景下得到不断丰富与发展。

在20世纪30年代到40年代，学者们主要关注了企业经营者的职能问题。最为典型的事件是贝利与多德关于企业地位与责任的论战。哥伦比亚大学法学院教授贝利认为，企业管理者只能作为企业股东的受托人，其权力是为股东利益而受托的权力，企业的唯一目的在于为股东赚取利润，股东的利益始终优于企业的其他潜在利益者的利益。而哈佛大学法学院教授多德并不完全同意贝利的观点，他认为企业是既有社会服务功能又有营利功能的经济机构。多德在对企业社会责任运动及其相应的法律观念变革进行考察后，进一步指出："公司经营者的应有态度是树立自己对职工、消费者和社会大众的社会责任感。"[1]此后，贝利与多德的观念都发生了趋于认同对方观点的变化。1954年，贝利则坦诚接受了多德的"公司的权力是为整个社区的利益而予以信托"的观点，承认经营者既有追求经济利益的内生动力，又要代表受托人承担社会责任。

自20世纪50年代起，工商界人士对经营者职能的认识逐步清晰，大多数人能够接受"企业权力带来责任"的观点，对企业社会责任的探讨从经营者转向企业的慈善捐赠问题和深化经

---

[1] E. Merrick Dodd, "For Whom Are Corporate Managers Trustees", *Harvard Law Review*, 1932, 45, pp. 1145~1163.

营者社会责任职能方面。第二次世界大战后，企业的自主经营和决策权在美国宽松的政治环境中得到了充分的发展。例如：企业进行慈善活动在美国早期是违法的，认为企业的唯一社会责任就是利润最大化，企业所做的一切都要服从股东的利益。在美国1837年的"查尔斯河大桥"一案中，法院裁定：企业的行为受契约规定，是有限的、具体的，任何超出经营许可范围的行为都是被禁止的。[1]而1953年美国最高法院对"A.P.史密斯案"的最终裁决成为企业慈善活动合法化的一个转折点。[2]美国最高法院在"A.P.史密斯"案中作出了在没有任何明显经济利益前提下向普林斯顿大学提供1500美元捐赠的企业行为合法的裁决。法院认为，企业有权自主决定做出公益捐赠，私人企业对私人学术机构在合理范围内的慈善捐赠，不必要受到与企业直接利益是否相关的限制，该判例奠定了企业慈善捐赠的合法性基础。

到20世纪70年代，在企业社会责任理论不断深化的背景下，美国经济发展委员会发表了具有历史创新意义的报告——《公司社会责任》。该报告指出，企业主动承担社会责任，可以使公司经营者更加灵活、高效地开展经营活动，还可避免由于不负社会责任所导致的政府或社会对企业进行的不必要的制裁。该报告具体提出了企业社会责任的"同心圆"模型。这一模型将企业要履行的社会责任内容划分为内、中、外三个圆圈。其中，"内圆"是指企业履行经济功能的基本责任，即为投资者提供回报、为社会提供符合需要的产品、为员工提供就业、促进

---

[1] [美]马克·沙夫曼："转变中的企业活动——企业慈善活动的变迁"，载马伊里、杨团主编：《公司与社会公益》，华夏出版社2002年版。
[2] 张安毅、于澎涛："公司慈善捐赠中董事行为的制约机制探讨"，载《江南大学学报（人文社会科学版）》2015年第5期。

经济增长。"中圆"是指企业履行经济功能要与社会价值观和关注重大社会问题相结合，如保护环境、合理对待员工、回应顾客期望等。"外圆"是指企业承担的更广泛的促进社会进步的其他责任，如消除社会贫困、防止城市衰败等。[1]

这一时期强烈反对社会责任的代表人物是芝加哥大学的经济学教授弗雷德曼。他认为，企业履行社会责任对自由社会是一种损害，"公司经营者只需尽可能为股东赚钱，没有比接受社会责任更能损害自由社会的基础"。[2]然而，到了20世纪80年代末期，弗雷德曼部分修正了自己的观点，即认为只要企业承担社会责任能够给企业带来直接经济利益，或者企业履行社会责任是出自于股东们的意愿，则企业利润最大化能与企业社会责任共存。

20世纪80年代，有关企业社会责任的争论主要集中在企业对于所谓利益相关者承担社会责任的问题上。该理论主要强调企业及其经营者应对所有与企业有利害关系的人包括非股东的其他利害关系人负责。与传统的股东本位主义不同，利益相关者理论坚持主张与企业相关雇员、顾客、供应商和企业所在的社区都与企业有一定的利害关系，企业在作决策时应考虑他们的利益。这一时期，美国许多州竞相颁布关于非股东的其他利害关系人的立法。

进入20世纪90年代后，由于经济全球化的步伐加快，跨国企业在世界范围内活动，一种强化企业社会责任的新概念——"企业公民"理论应运而生。"企业公民"就是把企业看成是社会的公民，它描述企业怎样通过其核心业务为社会提供价值的

---

[1] "社会责任绩效分类指引"，载 https://baike.baidu.com/item/，访问时间：2019年8月16日。

[2] Friedman M., *Capitalism and Freedom*, Chicago University Press, 1962, p. 114.

同时，也向社会各方显示他们应该承担的社会责任。可以说，从企业法人地位的确立，到企业社会责任这一概念的提出，企业社会责任理论的演变大致经历了从股东至上到兼顾利益相关者的权益，从单纯地追求企业利润最大化到企业的经济功能与社会责任的统一的变化。这一系列变化表明，在现代社会中，一个不能与社会和谐共存的企业几乎是无法生存的，为了使利润最大化而放弃自己的社会责任或损害社会利益违背企业的基本行为规范，只能导致企业失去公众的信任和支持。

第二节　企业社会责任的内涵

博登海默曾说："概念是解决法律问题必要的和不可缺少的工具。没有概念严格限定，我们就不能清晰和理性地思考法律问题。没有概念，我们就不能把相关法律语言用一种通俗易懂的方式传播给他人。如果我们试图完全放弃概念，整个法律体系都将化为灰烬。"[1]企业社会责任理论研究和实践发展的基础，是对企业社会责任概念和外延的清晰界定。但正如美国法学家曼尼教授所言："时下非常时髦的企业社会责任的概念，仍未获得一个清楚的界定。"没有一个统一的定义，不同的人可能对企业社会责任有不同的理解，由此也就导致大家谈论企业社会责任问题的基点完全不一样。

一、世界企业永续发展委员会的企业社会责任定义

世界企业永续发展委员会（World Business Council for Sus-

---

[1] [美] E. 博登海默：《法理学：法律哲学与法律方法》，邓正来译，中国政法大学出版社 2004 年版。

tainability Development，WBCSD)[1]提供了最普遍的企业社会责任定义：企业社会责任是企业承诺持续遵守道德规范，为经济发展作出贡献，并且改善员工及其家庭、当地整体社区、社会的生活品质。企业社会责任是以符合或超出道德、现行法规、商业惯例或大众期望的方式去经营企业。企业社会责任并不只是为了应对市场、大众的需要及商业利益而衍生的行动，而是可以整合至企业营运活动，协助及支持高层进行决策的重要观念。世界企业永续发展委员会依据受益人之不同区分企业社会责任的具体内涵：①对顾客的责任。提供安全、高品质、包装及性能良好的产品。遵循诚实信用原则，为顾客提供完整而正确的产品资讯以满足顾客的知情权；对顾客提出的产品质量诉求立即采取处理措施。②对员工的责任。关于企业对员工的责任，建议各国在相关法律中作出明确的规定，如在劳动法中对工作时间、最低薪资、安全保护、养老、医疗保险等问题作出相对强制性的规范，对员工的基本人权给予充分的保障；企业应尽己所能为员工提供相关福利，如对员工职业生涯发展的协助、培训教育经费的支持等。③对股东的责任。企业管理者有责任将企业利用资源的情形与结果完全公开，并翔实地告知股东。企业股东的基本权利并不是要保证其能获得利润，而是保证其能获得企业正确的财务资料，以决定是否继续投资。

二、卡罗尔的"企业社会责任的金字塔"定义

1979年，卡罗尔[2]提出企业社会责任的金字塔模型，即

---

[1] 世界企业永续发展委员会（WBCSD）为企业永续发展论坛与世界工业环境委员会合并后的机构，是一个全球性的组织，1995年成立，总部设于日内瓦。

[2] 美国著名经济管理学家，主要代表作是《企业与社会——伦理与利益相关者管理》。

"企业社会责任包含了在特定时期内，社会对经济组织在经济上的、法律上的、伦理上的和慈善上的期望"。卡罗尔关于企业社会责任的金字塔定义已成为当今学者最广泛应用的概念。卡罗尔以一个企业社会责任框架来阐述企业社会责任的内涵，提出企业社会责任是由经济、法律、伦理和慈善四种社会责任构成的，这四个类别或者组成部分可以被描述成一座金字塔。

金字塔的第一层是经济责任（Economic Responsibilities）。一个国家的经济发展离不开企业，每一个企业自创立以来就以提供社会需要的商品或服务为目标，为社会创造财富，当然也为企业赢得了利润，从而保证了企业的生存和可持续发展，并对股东的投资加以回报。此经济责任是任何一个企业对社会履行的首要责任，也是履行其他责任的必然前提。经济责任根植于企业存在的本质、社会功能及角色推定，是指企业必须负有生产、赢利及满足消费者或社会需求的责任。

金字塔的第二层是法律责任（Legal Responsibilities）。法律责任则可视为在社会期待下所规范制定的、可被接受的企业行为底线，任何企业都需要在法律范围内履行其经济责任。企业作为现代社会的一个组成单位，承担社会生产或服务的经济责任，就应该遵守相关社会契约，如依法纳税、承担政府规定的社会义务等。

金字塔的第三层是伦理责任（Ethical Responsibilities）。伦理责任是对法律责任的补充，伦理责任是指法律尚未规定，但公众认为应该由企业承担的社会义务，使企业为社会提供的产品或服务符合社会道德规范要求，故伦理责任是企业自我约束的责任。伦理责任系指社会期待或禁止企业做的事项，这些事项并非既有法律所要求的，而是见之于某些标准、规范与价值观之中的。

金字塔的第四层是慈善责任（Discretionary Responsibilities）。慈善责任亦被认为是自由裁量责任，此项责任是社会期待企业可以自愿地向社区提供资源，以提高社区生活品质、群体福利，进而成为一个对社会有正面贡献的优良企业公民。企业作为社会的生产单位，通过为社会提供产品或服务，为股东积累一定的财富。社会公众期望企业自愿承担公益慈善责任，如慈善捐赠等，积极为社会传递正能量，促进社会和谐发展。对此，卡罗尔认为经济责任应占最大比例，法律的、伦理的以及慈善的责任依次递减。[1]

三、戴维斯的"企业社会责任铁律"

戴维斯[2]提出了"企业社会责任铁律"原则，即"企业的社会责任必须与企业的社会权力相称"，"权力越大，责任越大"。根据"责任铁律"，企业回避社会责任必然导致企业社会权力的逐步丧失。企业的权力与责任是一致的，企业的权力越大，企业所必须肩负的社会责任就越多。基于"责任铁律"原则，从企业权力和义务（责任）有机统一的角度来界定企业社会责任，可以这样认为：企业社会责任是指于特定时期社会对企业应该肩负的义务或承担责任的特定期望，以及企业在自愿基础上给予这一特定社会期望的回应，体现了企业发展中权力与义务（责任）、效益与公益、利己与利他、目标与手段的相互统一。从责任内容来看，首先是经济责任，然后才依次是社会公益、道德责任、慈善责任；从责任对象来讲，首先是股东、企业员工，然后依次是债权人、顾客、供应商、当地社区、生

---

[1] Chen Ying, *Theory and practice of corporate social responsibility*, economic & management publishing house, 2009, p. 74.
[2] 美国社会学家、人口学家。

态环境、弱势群体帮扶、灾难救助、慈善捐助等。[1]有学者总结了戴维斯的企业社会责任理论，称之为"戴维斯模型"，其具体内容如下：①企业的社会责任来源于它的社会权利。由于企业对诸如少数民族平等就业和环境保护等重大社会问题的解决有重大的影响力，因此社会就必然要求企业运用这种影响力来解决这些社会问题。②企业应该是一个双向开放的系统，即开放地接受社会的信息，同时也要让社会公开地了解企业的经营目标。为了保证整个社会的稳定和进步，企业和社会之间必须保持连续、诚实和公开的信息沟通。③企业的每项活动、产品和服务，都必须在考虑经济效益的同时，考虑社会成本和社会效益。也就是说，企业的经营决策不能只建立在技术可行性和经济收益预期之上，而需要同时考虑企业决策对社会的影响。④企业作为法人，应该和其他自然人一样参与解决一些超出自己正常范围之外的社会问题。因为整个社会条件的改善和进步，最终会给社会每一位成员（包括企业本身）带来好处。

第三节 企业社会责任的国际标准

对企业社会责任的界定，虽然到目前为止仍然没有一个广泛被接受的共识性阐释，而且对其意义及内涵的争议也未有平息，但不可否认的是，企业社会责任已逐渐成为企业营运与投资过程中不可回避的主要议题，国家间对于企业履行社会责任的要求也日趋严格和迫切。各国际机构与部分产业组织也针对企业社会责任制定出了相关的实施原则、应对策略及具体方案等。

---

[1] 李彦龙："企业社会责任的基本内涵、理论基础和责任边界"，载《学术交流》2011年第2期。

第二章　企业社会责任及其理论基础

一、"联合国全球契约"计划

在1999年的瑞士达沃斯世界经济论坛上,联合国时任秘书长安南提出"联合国全球契约"(UN Global Compact)计划,号召企业在各自的影响范围内遵守、支持并实施一套在人权、劳工标准、环境和反贪污等方面的十项基本原则,通过树立对社会负责的、富有创造性的企业表率,建立一个推动可持续增长和社会效益共同提高的全球框架。这一框架计划于2000年在联合国正式启动,2002年进行了修正。"联合国全球契约"的提出标志着联合国正式介入企业社会责任问题。"联合国全球契约"十项基本原则包括:①企业应该尊重和维护国际公认的各项人权;②绝不参与任何漠视和践踏人权的行为;③企业应该维护结社自由,承认劳资结社谈判的权利;④彻底消除各种形式的强迫劳动;⑤废除童工劳动;⑥杜绝在就业和职业方面的任何歧视行为;⑦企业应对环境挑战未雨绸缪;⑧主动增加对环保所承担的责任;⑨鼓励无害环境技术的发展和推广;⑩企业应反对各种形式的腐败,包括敲诈、勒索和行贿受贿等。至今,"联合国全球契约"计划已经有包括中国在内的100多个国家和3000多家著名大公司参与。

二、多国企业指导纲领

经济合作与发展组织(Organization for Economic Cooperation and Development,OECD)[1]制定的《多国企业指导纲领》是各

---

[1] 经济合作与发展组织(OECD)是由38个市场经济国家组成的政府间国际经济组织,旨在共同应对全球化带来的经济、社会和政府治理等方面的挑战,并把握全球化带来的机遇。该组织成立于1961年,目前成员国总数38个,总部设在巴黎。

国政府对多国企业营运行为的建议事项,也是一项符合相关法律规范的自发性商业行为及标准。《多国企业指导纲领》共有十项指导原则:①观念与原则:指导纲领系各国政府对多国企业营运行为的共同建议,企业除应遵守国内法律外,亦鼓励自愿地采用该纲领良好的实务原则与标准,运用于全球之营运,同时也考量每一地主国的特殊情况。②一般政策:企业应促成经济、社会及环境进步以达到永续发展的目标,鼓励企业伙伴实施符合指导纲领的公司行为原则。③揭露:企业应定期公开具有可信度的资讯,揭露两种范围的资讯。一是充分揭露公司重要事项,如业务活动、公司结构、财务状况及公司治理情形;二是将非财务绩效资讯作完整适当的揭露,如社会、环境及利害关系人之资料。④就业及劳资关系:企业应遵守劳动基本原则与权利,即结社自由及集体协商权、消除童工、消除各种形式的强迫劳动或强制劳动及无雇佣与就业歧视。⑤环境:适当保护环境,致力永续发展目标,企业应重视营运活动对环境可能造成的影响,强化环境管理系统。⑥打击贿赂:企业应致力消弭为保障商业利益而造成之行贿或受贿行为,遵守"OECD打击贿赂外国公务人员公约"。⑦消费者权益:企业应尊重消费者权益,确保提供安全与品质优先之商品及服务。⑧科技:在不损及智慧财产权、经济可行性、竞争等前提下,企业应当在其营运所在国家散播其研发成果。对地主国的经济发展与科技创新能力有所贡献。⑨竞争:企业应遵守竞争法则,避免违反竞争的行为与态度。⑩税捐:企业应适时履行纳税义务,为地主国财政尽一份心力。

三、SA8000 社会责任体系

社会责任标准即"SA8000"(Social Accountability 8000 International Standard）是由美国非政府组织——"社会责任国际"（SAI）咨询委员会于2001年修订并颁发的全球首个道德规范国际标准。它以国际劳动组织和联合国13个公约为依据，主要检查企业或组织是否履行了公认的社会责任，在运行过程中是否有违背社会公德的行为，是否切实保障了职工的正当权益等。它的主要内容包括：童工、强迫性劳工、健康与安全、组织工会的自由与集体谈判的权利、歧视、惩戒性措施、工作时间、工资、管理体系等。

　　SA8000的制定宗旨是确保供应商所供应的产品皆符合社会责任标准的要求。适用于世界各地、任何行业、不同规模的公司。SA8000的产生既有人文社会发展的原因，即随着社会经济的发展，各界对劳工保护的关注；同时也是国际市场上竞争格局失衡的产物。在国际商品市场上，廉价的劳动密集型产品制造国将其大量廉价产品出口到发达国家市场，冲击发达国家国内市场，正是在这一背景下，美欧等发达国家把劳工标准同其对发展中国家实施的普遍优惠制度挂钩。在政府的首肯和支持下，SA8000有由民间壁垒走向政府壁垒的趋势。[1]随着经济全球化进程的加快，我国同国际社会的分工合作越来越紧密，企业社会责任运动在中国的实施，是经济全球化对于中国的直接影响和中国"入世"的直接结果，SA8000的推行是全球文化、价值观念的一次碰撞。全球性的企业社会责任运动就是促使企业在享受社会赋予的自由及机会的同时，借助符合伦理、道德的行动回报社会。SA8000对企业竞争力的影响主要是加大了企业的生产成本，具体说，有三种成本：一是评估现行状况、制定系统原则和程序、控制和记录所需的时间成本；二是采取补

---

〔1〕 黎友焕、魏升民："企业社会责任评价标准：从SA 8000到ISO 26000"，载《学习与探索》2012年第11期。

救措施所形成的成本,即减少工作时间、提高工资待遇、改善工作与生活环境等所带来的成本;三是认证、审查以及不断进行控制和监督审查的费用。SA8000已成为全球化经济中企业竞争的新要素,这一要素在赢得消费者的关注和认同、增强投资者的信心、改善企业人力资源管理、完善企业的管理体系、促进企业参与国际分工等方面影响企业的国际竞争力。

四、GRI《可持续发展报告指南》

全球报告倡议组织(Global Reporting Initiative,GRI)是由美国非政府组织对环境负责经济体联盟和联合国环境规划署联合倡议于1997年成立的,其目的在于提高可持续发展报告的质量、严谨度和实用性,提高全球范围内可持续发展报告的可比性和可信度,并希望获得全球的认同和采用。2000年,GRI发布了第一代《可持续发展报告指南》,其在全球的影响已经遍布南美洲、北美洲、大洋洲、欧洲、南亚和日本,50多个机构在GRI报告指南的基础上发布它们的可持续发展报告。[1] 2002年,GRI正式成为一个独立的国际组织,同年在南非约翰内斯堡的世界可持续发展峰会上正式发布第二代《可持续发展报告指南》。2002年,GRI与联合国时任秘书长安南发起的"联合国全球契约"建立了合作关系。2006年10月5日,GRI在荷兰阿姆斯特丹召开大会,发布了第三代《可持续发展报告指南》。2013年5月,GRI发布了第四代《可持续发展报告指南》(简称"G4版")。G4版的发布,意味着可持续发展报告又上了一个新的台阶。G4版秉持GRI一贯的多方利益原则,即企业的经营管理者需要综合平衡各个利益相关者的利益要求而进行管理活动。

---

[1] 钟朝宏、干胜道:"'全球报告倡议组织'与其《可持续发展报告指南》",载《社会科学》2006年第9期。

为使企业得以可持续发展，企业的经营管理者必须制定一个能符合不同利益相关者的策略。G4版涵盖了企业、劳工、非政府组织、中介组织与资本市场等，以确保能够符合多方利益相关者的期待和利益，而不独厚于特定的利益群体。GRI《可持续发展报告指南》为企业社会责任标准提供了关键的平台和方法。

五、ISO26000《社会责任指南》

2010年11月1日，国际标准化组织（International Organization for Standardization，ISO）[1]在瑞士日内瓦正式发布ISO26000《社会责任指南》，这是由ISO发布的、综合性的、具有广泛影响力与号召力及全球普适性的社会责任标准。ISO26000《社会责任指南》的发布，在很大程度上改变了社会责任的发展格局，不仅使原来只针对企业的社会责任转变为针对包括政府机构在内的所有社会组织的社会责任，而且在全球范围内推动了社会责任运动的发展。ISO26000《社会责任指南》整合了全球现有的社会责任倡议、标准、指南和国际条约等工具，使得社会责任可以完美地融入一个组织的管理体系中。

"社会责任是所有商业组织和非商业组织应尽的义务和职责"，[2]"让全社会和全球市场在不损害对方利益的前提下更有效地运作"。[3]ISO26000《社会责任指南》作为可持续发展理

---

[1] 国际标准化组织（ISO）是一个全球性的非政府组织，是国际标准化领域中一个十分重要的组织。ISO一词来源于希腊语"ISOS"，即"EQUAL"——平等之意。ISO国际标准组织成立于1946年，中国是ISO的正式成员，代表中国参加ISO的国家机构是中国国家质量监督检验检疫总局。

[2] 2010年5月17日，丹麦王储腓特烈在丹麦首都哥本哈根召开的第八次国际标准化组织社会责任全体会议开幕式上的讲话。

[3] 2010年5月17日，丹麦时任经济与商务大臣米克尔森在丹麦首都哥本哈根召开的第八次国际标准化组织社会责任全体会议开幕式上的讲话。

念的延续，必然会成为推动可持续发展理念进一步深化的关键推动力。可持续发展理念要求社会具有可持续发展能力，实现人与社会、人与自然的和谐共存是可持续发展的基本模式。ISO26000《社会责任指南》与可持续发展理念是一脉相承的，它要求各类社会组织高度关注它赖以生存的自然环境，对其负责；不浪费资源、坚守道德底线、诚信经营、公平竞争、不提供虚假信息误导消费者；保护弱势群体，关心社会公益事业；促进人与社会、人与自然的健康、协调、可持续发展。

第四节　企业社会责任的理论基础

一、所有权社会化理论

依据民法的基本观念，所有权是一种绝对权，即所有权先于国家而产生，国家系为保护所有权而存在，所有权是公民神圣不可侵犯的权利，所有权的行使不应受任何限制。[1]法国的《人权宣言》明确宣告"所有权为神圣不可侵犯的权利"，《法国民法典》用将近三分之一的条文确认了人民财产所有权的原则，从不同的角度保护私有制的不可侵犯性。其中第544条规定："所有权是对于物有绝对无限制地使用、收益及处分的权利。"此种观念绝非法学家的发明，而是财产权自然权利观的反映；它以洛克的自由主义学说[2]为基础，乃是启蒙运动以来的西方自由主义主流传统在财产权问题上的必然立场。

---

[1] 梁慧星、陈华彬：《物权法》（第4版），法律出版社2007年版。
[2] 洛克认为，所有权对于人们而言应是一种完备无缺的自由状态，他们在自然法的范围内，按照他们认为合适的办法，决定他们的行动和处理他们的财产和人身，而无须得到任何人的许可或听命于任何人的意志。［英］洛克：《政府论》（下篇），瞿菊农、叶启芳译，商务印书馆1982年版。

20世纪以来,所有权绝对原则受到触动,各国立法对待财产权的态度有所调整,表现为"所有权的社会化",即"强调所有权行使的目的,不仅应为个人的利益,同时亦应为社会公共利益,进而主张所有权本身包含义务"。如《德国魏玛宪法》第153条第(三)项规定:"所有权人负有义务,于其行使时应同时有益于公共福利。"[1]但是这一制度的变迁与洛克所代表的自由主义传统不完全相容。既然财产权是自然权利,国家有什么权力以立法形式对其加以限制?传统自由主义哲学对此无法给予清楚说明。

罗尔斯的正义论则可以为财产权社会化属性提供伦理论证,他在《正义论》中提出两项正义原则:第一项称为"平等自由原则"(Equal Rights and Liberties),即"每一个人对与所有人所拥有的最广泛平等的基本自由体系相容的类似自由体系都应有一种平等的权利"。[2]对罗尔斯而言,私法意义上的财产权不属于基本自由的范畴,它不是一种不受限制的、绝对的权利,应当依照正义原则设计财产权制度,符合正义原则的财产权制度才是正当的。财产权本身不是目的,而是要服从于保障政治自由和实现分配正义等道义目标。财产权完全可以受到调节,只要这种调节惠顾最少受惠者和保证机会的平等。所有权社会化认为"所有权负有义务",究竟负有何种义务?这一问题也可以从罗尔斯的《正义论》中找到答案。财产分配制度受到第二个正义原则的约束,服务于差别原则和机会的公正平等原则两项制度伦理原则;加上第一个优先性的正义原则,财产权制度也要服从保障基本自由的需要。所有权负担的义务即为此三项

---

[1] 孙宪忠编著:《物权法》,中国社会科学出版社2015年版。
[2] [美]约翰·罗尔斯:《正义论》,何怀宏、何包钢、廖申白译,中国社会科学出版社1988年版。

道德义务：惠顾最少受惠者（差别原则）、机会的公正平等和保障基本自由。罗尔斯的财产权观念比私法上所谓"所有权社会化"走得更远。

所有权社会化在实践中仅仅针对所有权的行使，希望对权利人行使权利加诸不损害公益的义务。它以尊重既有财产分配规则为前提，还不触及财产权归属问题。拉德布鲁赫援引教皇的"四十年通谕"说明所有权社会化理论的实质："它区分了财产所有权和财产使用权。在财产所有权中只体现了所有权个体方面，即个人利益的归入方面；而所有权社会方面，即公共利益所指向的方面则在财产使用权中有所体现。所有权的个体功能属于自然法，财产使用权所隶属的所有权的社会功能则属于伦理。"[1]"所有权社会化"并不否定财产权的自然权利定位，只不过对其行使加以限制而已。如果说"所有权社会化"对"所有权绝对"观念有所矫正，那也不过是在维系"财产权神圣不可侵犯"的基本教义的前提下，对所有权所能涉及的范围稍加限定。

罗尔斯的两个正义原则对财产权的界定，所考虑的是财产的归属与分配这一基本经济结构，他从根本上否定了私法上财产权的自然权利性质。不仅财产使用权负担社会功能是理所当然，而且所谓"所有权的个体功能"也不属于自然法范畴。在财产归属问题上，罗尔斯不像洛克一样考虑财产的形成过程，而是要求财产权服从制度伦理的道义原则，完全摆脱"私有财产神圣不可侵犯"观念的羁绊，成为一种服务于平等和自由价值观的工具性制度安排。罗尔斯的理论为私法提供了一种全新的财产权伦理观，也为现代企业承担社会责任提供了理论支撑。[2]

---

[1] [德] G. 拉德布鲁赫：《法哲学》，王朴译，法律出版社 2005 年版。
[2] 胡波：“罗尔斯正义论，视野下的财产权”，载《道德与文明》2015 年第 3 期。

二、企业公民理论

"企业公民"是国际上盛行的用来表达企业责任的新术语，始于20世纪80年代。虽然学者们直到20世纪80年代才开始关注企业公民概念，且大量的研究更是在进入新世纪后才展开，但在此之前"企业公民"这个词早已在企业实践中得到了广泛的使用。许多大型企业如强生、麦道、戴顿·休斯顿等都在其公司理念中表明要成为"企业公民的楷模"。[1]随着对企业公民研究的深入，学者们开始从管理学、政治学和社会学理论出发，全面地分析企业公民的含义和特征。瓦洛将企业公民看作一个比企业社会责任更为积极的理念。企业公民通过在企业社会责任的框架内将企业社会责任与相关利益者管理糅合在一起，从而克服了企业社会责任在实施上的困难。[2]韦多克认为企业公民体现在"公民与相关利益者和自然环境的关系以及企业对待相关利益者和自然环境的做法"之中，[3]企业公民是企业社会责任和相关利益者理论的结合。韦多克进一步指出，企业公民概念第一次将相关利益者理论付诸行动，从而将企业与社会领域中两大主流即相关利益者理论和企业社会责任思想融合在一起。同时，由于企业公民强调企业行为的社会影响，它又将企业表现与相关利益者和自然环境结合在一起。[4]企业公民理

---

〔1〕 侯怀霞："企业社会责任的理论基础及责任边界"，载《学习与探索》2014年第10期。

〔2〕 Valor, Carmen, "Corporate Social Responsibility and Corporate Citizenship: Towards Corporate Accountability", *Business and Society Review*, June 2005, pp. 191~212.

〔3〕 Waddock, Sandra, "Parallel Universes: Companies, Academics, and the Progress of Corporate Citizenship", *Business and Society Review*, 2004. 1, p. 9.

〔4〕 沈洪涛、沈艺峰：《公司社会责任思想起源与演变》，上海人民出版社2007年版。

论提升到国际层面,延伸出"全球企业公民"的理论,使得传统的企业社会责任思想可以突破地域和文化的界限,在全球化时代为跨国企业的社会责任行为乃至实现提供一种新的指引。[1] 2003年,全球首席执行官聚首的世界经济论坛认为,企业公民应包括四个方面的内涵:其一是好的企业治理和道德价值,主要包括遵守法律、现存规则以及国际标准,防范腐败贿赂,以及道德行为准则问题和商业原则问题。其二是对人的责任,主要包括员工安全计划、就业机会均等、反对歧视、薪酬公平等。其三是对环境的责任,主要包括维护环境质量、使用清洁能源、共同应对气候变化和保护生物多样性等。其四是对社会发展的广义贡献,主要指广义的对社会和经济福利的贡献,比如传播国际标准,向贫困社区提供要素产品和服务,如水、能源、医药、教育和信息技术等,这些贡献在某些行业可能成为企业核心战略的一部分,成为企业社会投资、慈善或者社区服务行动的一部分。

我国学者李彦龙认为,利润是企业存在的理由和发展的根本动力。因此,从人性假设意义上来看,企业首先是"经济人",然后才是"社会人""道德人",而"企业公民"本身就包含着"经济性"与"社会性"的统一,兼具"经济人""社会人"和"道德人"三者的特性。改造和深化企业公民理论,使之成为类似"经济人"的人性假设,可以作为企业社会责任的理论前提和基础,并以人性假设的形式初步回答和说明"企业为什么要承担社会责任"。[2] 有的学者立足于法律的角度,认

---

[1] 沈洪涛、沈艺峰:《公司社会责任思想起源与演变》,上海人民出版社2007年版。

[2] 李彦龙:"企业社会责任的基本内涵、理论基础和责任边界",载《学术交流》2011年第2期。

为"企业公民"是指在一个国家进行正式的注册登记、根据该国法律享有企业权利并承担企业责任和义务的法人。企业公民的权利就是国家法律法规规定的企业享有的财产权利、生产经营权利、法律保护权利等；企业公民的义务就是企业承担社会责任，既包括经济责任、法律责任，也包括环境责任和道德责任等。首先要履行经济责任，以"经济人"的身份追求利润最大化；其次要履行法律责任和其他社会公益，以"社会人"的身份赢得社会许可；最后要履行道德责任和慈善责任，以"道德人"的身份赢得社会的支持和尊重。

三、利益相关者理论

首次提出利益相关者理论的是1963年美国斯坦福大学的一个研究小组。此后很多学者开始关注这一理论，并纷纷从各自的研究学科的角度来界定利益相关者理论的内涵，迄今为止，关于利益相关者理论的定义已有30多种。

1984年，弗里曼将利益相关者定义为："能影响企业目标的实现或被企业目标的实现所影响的个人或群体就是企业利益相关者。"[1]该定义中，弗里曼挑战了传统的企业原则，认为股东只是利益相关者网中的一员。弗里曼把企业目标实现过程中受企业行动影响的个人和群体（如雇员、消费者、供应商、环境保护主义者等）看作利益相关者，该理论的倡导者认为，企业应该关注其所有的利益相关者，企业的"馅饼"应该公平分配，因为每个相关者都对企业的发展产生了不同程度的影响。

阿奇·B.卡罗尔和安·K.巴克霍尔茨认为："企业与利益相关者之间是互动、交织影响的关系，这些利益相关者能够影

---

[1] Freeman R. E., *Strategic Management: A stakeholder Approach*, Boston, Pitman, 1984, p. 27.

响该企业的行动、决策、政策和做法,也可能被企业的行动、决策、政策或做法所影响。"[1]约瑟夫·W.韦斯认为:"利益相关者开展商业活动、进行伦理抉择时,必须考虑变化不断加快、不确定性不断加大的外部环境(如互联网、信息技术、全球化、放松管制、合并以及战争等)。利益相关者是指那些通过自己的行为引发问题、在面对机遇和威胁时及时做出积极反应的个人、企业、组织和国家。"他还认为,企业利益相关者应当分为一级利益相关者(包括企业所有者、客户、员工、供应商、企业股东、董事会、企业的CEO和其他高级管理人员)和二级利益相关者(包括媒体、消费者、游说议员的人、法院、政府、竞争对手、公众和社会等)。[2]中山大学教授陈宏辉认为:"利益相关者的决策与行动能够影响该企业目标的实现,或者受该企业实现其目标过程的影响。在企业中进行专用性投资的、对企业的经营承担一定风险的、受企业经营方式或经营结果影响的个体和群体都属于利益相关者。"[3]

通过以上学者的有关定义可以看出,越来越多的学者认识到,在企业的发展过程中,需要有物资资本、人力资本、社会资本的共同投入。如股东投入的是物资资本,经营管理者和职工投入的是人力资本,消费者、社区投入的是社会资本。不同的资本投入者通过契约来分配各自的责任、权力和利益。笔者认为,企业利益相关者就是与一个企业利益相关的所有个人或群体。是否属于利益相关者,只需根据该个体或群体的利益与

---

〔1〕[美]阿奇·B.卡罗尔、安·K.巴克霍尔茨:《企业与社会伦理与利益相关者管理》(原书第5版),黄煜平等译,机械工业出版社2004年版。

〔2〕[美]约瑟夫·W.韦斯:《商业伦理——利益相关者分析与问题管理方法》(第3版),符彩霞译,中国人民大学出版社2005年版。

〔3〕陈宏辉:《企业利益相关者的利益要求:理论与实证研究》,经济管理出版社2004年版。

企业的生产经营行为是否具有利害关系进行判断。

根据利益相关者理论,利益相关者具有可识别性,对于一个企业而言,需要识别哪些组织或个体属于其利益相关者。一般认为,股东、管理者、消费者、雇员、供应商、债权人、商会、当地社区、环境保护主义者、政府部门等,都有可能成为企业的利益相关者。但是,不同企业的利益相关者的范围会有所差别。股东、雇员是所有企业的利益相关者,环境保护主义者只是部分企业的利益相关者。在庞大的零售企业网络中,最为重要的利益相关者是消费者;在制造皮衣的服装企业中,其利益相关者就包括了动物保护组织。因此,企业要通过各种方式的调查,分辨出哪些利益相关者的利益能够影响企业目标实现,哪些利益相关者的利益会被企业目标所影响。

为了更好地识别利益相关者,不少的学者根据不同的标准对这些利益相关者进行分类。根据对企业具有的潜在威胁性与合作性两个维度,萨瓦奇将企业的利益相关者划分为支持型、边缘型、反对型和混合型四种。[1]大卫·威勒依据企业社会责任的社会性维度把利益相关者分为社会性利益相关者与非社会性利益相关者。社会性利益相关者又包括首要的社会性利益相关者和次要的社会性利益相关者;非社会性利益相关者包括首要的非社会性利益相关者和次要的非社会性利益相关者。[2]从影响力、合法性和紧迫性三个维度出发,米切尔采取了评分法,将利益相关者划分为确定型的利益相关者、预期型的利益相关者和潜在型的利益相关者三大类。这一方法在许多学者的研究

---

[1] Savage, G. T., Whitehead. C. J., "Strategies for Assessing and Managing Organizational Stakeholders", *Academy of Management Executive*, 1991. 5, pp. 61~75.

[2] Wheeler D. and Sillanpaa. M., *Including the Stakeholders: The Business Case*, *Long Range Planning*, 1998. 2, pp. 201~210.

中得到了运用。[1]根据不同标准对利益相关者的分类充分说明了利益相关者之间的性质差异。

我们要认识到，企业利益相关者的范围并非一成不变，随着时间的变化，或者随着企业面临的情况变化，利益相关者对企业的相对重要程度也会发生变化。例如，近几年动物保护组织对肯德基的饲养和宰杀鸡的方式在世界各地进行抗议，由此开始，动物保护组织已成为肯德基日益重要的利益相关者。不同利益相关者对企业的要求存在差异，如股东要求高额的财务回报，消费者要求获得物美价廉的商品和服务，这就不可避免地会导致利益相关者之间产生一定的矛盾冲突。要满足利益相关者之间不同的利益诉求，企业需要均衡考虑满足不同利益相关者的利益。

美国的弗雷德曼是反对利益相关理论的，他认为"企业有且只有一个社会责任——使用它的资源，按照游戏的规则，从事增加利润的活动，只要存在一天，它就如此"。多个利益相关者的利益最大化目标会使企业无所适从，所以，需要关注有一个利益相关者利益的平衡问题。比如企业由于承担社会责任而产生的成本可能会通过提高产品价格转嫁到消费者身上，从而使消费者的利益受到侵害；或者企业为了更好地满足顾客需求，加大科研费用，开发新产品，并设法降低成本来降低产品的价格，企业的远期竞争力可能会提高，但股东的即时利益会受到侵害。企业的"对谁都负责"可能变成"对谁都不负责"。[2]

---

[1] Mitchell. R., Agle. B. and Wood. D., "Toward a Theory of Stakeholder Identification and Salience: Defining the Principle of Who and What Really Counts", *Academy of Management Review*, 1997.4, pp. 853~886.

[2] Freeman, R. E., *Strategic Management: A Stakeholder Approach*, Boston, Pitman, 1984, p. 33.

批评的意见不无道理,他指出了利益相关者理论的缺陷以及未来的研究方向(比如各利益相关者之间利益的平衡问题)。除此之外,利益相关者理论更多强调的是利益,而企业社会责任本身就具有"社会性",具有"利他性",尤其对利益相关者的理解容易把社区、环境等极为重要的社会责任排除在企业社会责任之外。

"股东利益最大化"理论和利益相关者理论都有极端之嫌,由于不同的利益相关者对于企业生存和发展的重要性是有差异的,他们对企业的专用性投资不同,承担的风险不同。因此,在股东利益最大化和兼顾所有利益相关者利益之间,我们要找到一个平衡。国内学者陈宏辉首先提出了核心利益相关者的概念:"在任何一个企业中,必然离不开股东、管理者和员工这三类人员,他们作为企业经营运作的直接参与者,其利害关系必然与企业紧密相关。无论如何,他们都应该被视作企业的核心利益相关者。"[1]但正如前所述,并非所有的股东都对企业的发展十分关注,有些股东仅仅关注于股市的运作,因此将股东按参与企业治理的程度不同,承担的风险不同分为核心股东和非核心股东。核心股东即是在企业中长期投资,较深入地参加企业的经营活动,关心企业长期效益的股东;而非核心股东只关注于股市的运作,漠视企业的经营活动或监督决策等事务的股东,这些股东没有所有者本身所应有的典型的权利和责任。将核心利益相关者定义为那些在企业中进行了高投资、直接参与企业经营活动并承担了高风险的个体和群体,其活动直接影响企业目标的实现。国内学者高振、江若尘从企业绩效的角度出发,根据对企业不同的经营目标的期待程度,对利益相关者进行了排序,实证研究表明,无论对哪一个经营目标的实现,经

---

[1] 陈宏辉:"利益相关者理论视野中的企业社会绩效研究述评",载《生态经济》2007年第10期。

营者的重要性始终排在首位，剔除经营者的考虑，经销商对实现销售目标、利润目标、销售增长率目标最重要，股东对实现利润目标、投资报酬率目标及市场价值目标最重要，而顾客对实现形象目标和产品质量目标最重要。[1]

四、社会契约理论

社会契约论作为一种政治哲学，几个世纪以来主要被用来解释政府的起源及权力合法性的基础。这一理论的主要提倡者托马斯·霍布斯认为，在人类的原始世界中，人与人之间完全是野兽对野兽的关系。为了彼此不再相互伤害，人们自愿放弃某些权利，服从一个统治当局，进入一种受约束的状态。作为放弃个人某些权利的回报，人们希望统治当局能够对公共物品实行公平分配，并保护他们所保留的一部分权利和财产，这就是所谓的社会契约。社会契约没有明确的条文，而是人们与统治当局之间的一种默契。其重要性在于：一方面，社会契约赋予统治当局一定的道德基础，使其权力的行使合法化；另一方面，统治当局也必须按照约定来使用权力，不能独断专行。

尽管社会契约是一种理论上的假设，但它却强烈地表达了人们对各种有影响力的机构或社会组织如何行使权力的一种期待。企业作为对社会有着较大影响力的组织，人们自然期待它能够同样受到社会契约的约束，合法地行使其所具有的权利。"由于企业影响力对于个人自由和财产通常会有潜在的影响。毋庸置疑，社会合约的思想适用于产业和企业。"[2]而企业承担社

---

[1] 高振、江若尘："企业的本质：市场失灵、组织失灵及组织演化视角"，载《兰州学刊》2017年第9期。

[2] [美]乔治·斯蒂纳、约翰·斯蒂纳：《企业、政府与社会》，张志强、王春香译，华夏出版社2002年版。

会责任，为社会提供某些公共物品，对公众的期待和要求作出积极反应，也便被视为是企业在履行社会契约。

基于上述认识，从社会契约的角度探讨企业与社会的关系，为企业应当承担社会责任寻求根据，也便成为理论界企业社会责任理论研究的一个重要方向。早在20世纪80年代初，唐纳森就试图为企业概略地构造一种社会契约。他用一种假设的协议作为工具来分析特殊的权利和责任，设想了企业与社会之间的一份协议的条款，其中就包含了企业应当承担一定社会责任的内容。1989年，唐纳森把他修订过的社会契约模式扩展运用到全球，再次运用想象的社会契约作为探索工具，为跨国公司的责任确定一个最低限度，构思了一种既能尊重每个经济体包括每个国家、行业、商业团体和公司的文化价值观的特性，又能为所有的经济体认可和接受的全球性企业伦理规范。[1]在同一时期，诺曼·鲍伊在他的《企业伦理学》一书中，对企业与社会之间的社会契约作了简略描述，提出遵守伦理准则，承担相应的社会责任，乃是企业与社会之间的一种默契。1988年，迈克尔·基利在他的《组织社会契约论》一书中，利用社会契约论概念提出了一种渐进的组织理论，将企业行为看作一系列有关社会规则的类似契约的协议。总而言之，企业必须得到社会的许可，企业的合法性就在于它能够回应公众的要求，承担起社会责任，这就是从社会契约论所引申出的结论。"社会契约理论有力地说明了企业影响力的性质和局限。当其实施有利于改善公众产品时，企业影响力就被看作是合法的。"[2]社会契约论

---

[1] [美]托马斯·唐纳森、托马斯·邓菲：《有约束力的关系——对企业伦理学的一种社会契约论的研究》，赵月瑟译，上海社会科学出版社2001年版。

[2] 赵德志："企业社会责任的理论基础研究：视角与贡献"，载《辽宁大学学报（哲学社会科学版）》2014年第6期。

既承认各特定经济环境下的道德准则,同时又规定了一些具体的道德准则的适用条件,即不违背最高规范、获得成员一致同意。在跨文化环境中的企业经营者会不知不觉地用自己的价值观去判断问题,依据内化的道德准则行事;而外在控制型企业经营者又经常迷失在新的环境之中,僵硬地入乡随俗,这两种情形都有可能导致作出不道德的决策。[1]因此,从决策程序上给予控制是一种可选择的途径,社会契约论给出以一套优先规则来解决不同经营环境下既有的道德规范之间的冲突,为跨文化的商业伦理决策提供了可操作的指南。

---

[1] 辜鹏:"基于社会契约理论的跨文化经营",载《WTO经济导刊》2013年第8期。

第三章
企业环境责任及其理论基础

第一节 企业环境责任理论的缘起和发展

自20世纪50年代起,随着社会生产规模的扩大,企业在其生产经营中消耗资料与能源的同时排放大量的污染物质,对人类赖以生存的环境造成了严重的损害。基于环境资源的社会性特征,企业环境侵权具有空间上的广阔性,侵害到的受害人往往数量众多,这就关系众多利益相关者的合法权益。经济学家们试图从经济学角度考量环境污染成本,寻求防治污染的途径,环境经济学因此兴起。环境经济学主要运用经济手段来解决环境污染的问题,具体说,经济手段是通过税收、财政、信贷等经济杠杆,调节经济活动与环境保护之间的关系、污染者与受污染者之间的关系,促使和诱导单位和个人的生产和消费活动符合国家保护环境和维护生态平衡的要求。通常采用的方法有:征收资源税、排污收费、事故性排污罚款、实行废弃物综合利用的奖励、提供建造废弃物处理设施的财政补贴和优惠贷款等。

随着公众对环境运动的关注度上升,环境研究的新学科领域——环境科学诞生。1968年,国际科学联合理事会设立了国际性的环境科学机构——环境问题科学委员会。20世纪70年代出现了以环境科学为内容的专门著作,其中为1972年"联合国人类环境会议"而出版的《只有一个地球》是环境科学中一部最著名的绪论性著作。随着人类在控制环境污染方面所取得的进展，环境科学这一新兴学科也日趋成熟，并形成自己的基础理论和研究方法。环境科学主要研究人类社会发展活动与环境演化规律之间的相互作用关系，寻求人类社会与环境协同演化、持续发展的途径与方法。它既包含像物理、化学、生物、地质学、地理、资源技术和工程等的物理科学，也包含像资源管理和保护、人口统计学、经济学、政治和伦理学等社会科学。环境科学探索全球范围内环境演化的规律以及环境变化对人类生存的影响，揭示人类活动同自然生态之间的关系，并研究环境污染综合防治的技术措施和管理措施。在此基础上，环境影响评价、环境信息公开、环境容量等环境法律制度应运而生。例如，1969年，美国的《国家环境政策法》（NEPA）确立了环境影响评价制度，之后被美国超过25个州及全球超过80个国家所效仿，且被1992年的联合国环境与发展大会的《里约宣言》所确认，也为世界银行和亚洲发展银行以及其他国际机构所采用，成为全球环境法律政策中最核心的法律制度。再如，1984年，在印度的美国联合碳化物公司接连发生了两起化学品泄漏事故，造成了严重的人员伤亡和恶劣的社会影响。这两次事故使美国国民陷入极大的震惊和恐慌之中，恐慌的主要原因是公众对于自己所处环境信息的未知和不确定。要实现公众的环境知情权，作为主要污染主体——企业理所当然应该承担环境信息公开的义务。基于社会公众的压力和日趋严重的环境问题，美国国会加快立法，于1986年发布了《应急规划与社区知情权法案》（EPCRA），确保公众实现了解有毒物质排放情况以及对他们的影响的权利，通过建立《毒性物质排放清单》（TRI）确定企业的环境信息强制公开责任，并且借助电子科技平台将这些环境信息公示。

第三章　企业环境责任及其理论基础

　　1974年11月，美国堪萨斯大学哲学系和企业学院共同发起召开了第一届企业伦理学讨论会，这次大会的会议记录后来被汇编成书《伦理学、自由经营和公共政策：企业中的道德问题论文集》。[1] 这标志着西方企业伦理学的正式产生。企业伦理问题研究从亚当·斯密就已开始，马克斯·韦伯则最先提出了"企业伦理"的概念。[2] 但企业伦理学学科范式的确立以及研究的深入开展，则是近几十年的事。企业伦理学是从伦理道德的角度来研讨企业活动中的单位行为和个人行为以及二者之间的关系，并在此基础上向人们指出什么是企业活动中合理的和合乎道德的行为，从而为企业活动提出系统的伦理道德规范。该学科实践性较强，直接服务于企业，注重分析和解决企业经营中出现的道德问题，如假冒伪劣、价格欺诈、不正当竞争、环境污染、性别歧视、偷税漏税、作业场所不安全等。企业伦理学在企业经营中的应用可以为企业正确的经营行为选择提供一个方向，寻找到既符合伦理道德规范又能给企业带来经济利益的经营管理模式。[3] 企业伦理学认为，企业社会责任是指"一种工商企业追求有利于社会的长远目标的义务，而不仅仅是法律和经济所要求的义务"。社会责任"加入了一种道德规则，促使人们从事使社会变得更美好的事情，而不做那些有损于社会的事情"。[4] 在此基础上，乔治·恩德勒提出了多层次的企业

---

[1] 龚天平："企业伦理学：国外的历史发展与主要问题"，载《国外社会科学》2006年第1期。

[2] 马克斯·韦伯对企业家及企业家的精神品格定位是：强烈的事业心；理性地追求利润；禁欲主义的生活观；倡导劳动致富；主张诚实公平交易。载 https://baike.baidu.com/item/韦伯企业家理论/736419? fr=aladdin，访问时间：2019年7月15日。

[3] 陈炳富、周祖城："企业伦理学论纲"，载《国际经贸研究》1997年第4期。

[4] ［美］斯蒂芬·P. 罗宾斯：《管理学》，黄卫伟等译，中国人民大学出版社1997年版。

责任框架理论，恩德勒在他的经济伦理学著作——《面向行动的经济伦理学》中提出企业社会责任包含三个方面：经济责任、社会责任和环境责任。其中环境责任主要是指"致力于可持续发展——消耗较少的自然资源，让环境承受较少的废弃物"。他还指出，企业责任可分为"最低限度的道德要求""超出最低限度道德要求的积极义务"和"理想的道德要求"三个层次。比如企业对环境的最低责任是：不污染环境；积极责任是：保护环境；理想责任是：促进和改善环境。[1]恩德勒从伦理道德的角度界定企业环境责任，认为企业应该具有这种道德感，主动承担起相应的环境责任。企业环境责任的内容除了法律和经济责任之外，还应当包含对环境的道德责任。恩德勒的观点得到了很多学者和机构的认同，约瑟夫·麦奎尔也同样指出，企业环境责任是指企业不仅负有经济的与法律的义务，而且对社会负有超越这些义务的保护环境的责任。[2]世界商业可持续发展委员会就认为企业环境责任是指承诺企业行为符合伦理标准，并在促进经济发展的同时尽可能地改善工作环境的责任。

如果说之前的企业环境责任理论主要强调的是企业环境法律责任，那么恩德勒等企业伦理学者则侧重于强调企业环境伦理责任，认为企业除了应当最大化地追求利润以外，还应当承担保护环境、防治污染的社会责任。在企业环境责任的强制性法律规范之下，企业必须遵守相应的环境义务，一旦违反法律法规强制性的规定，就需要承担法律上的企业环境责任。在企业环境责任的任意性规定之下，法律并不强制企业承担责任，而是提倡和鼓励企业自愿地有所为有所不为。虽然企业环境责

---

[1] [德]乔治·恩德勒：《面向行动的经济伦理学》，高国希等译，上海社会科学院出版社2002年版。

[2] Mc Guire, J. W., *Business and Society*, Mc Graw-Hill, 1963.

任的任意性规定不具有强制执行性，但是基于社会舆论、公众信誉等压力依然会对企业构成约束，企业必然会积极回应社会需求，树立企业在社会中的地位和信誉，以获得更长远稳定的经济效益。[1]

第二节 企业社会责任与企业环境责任的逻辑关联

企业环境责任成为近年来学界持续关注的焦点，这对企业承担适格义务束缚、保障环境安全、促进经济的可持续发展具有积极意义。企业环境责任的概念一经提出，学界就开启了对其内涵、法律属性、与企业社会责任之间的逻辑关联的探讨。

一、道德责任 vs 法律责任

道德责任是公民或单位对自己基于自己的身份或行为在道义上所承担的责任，其评价以道德标准为基础。法律责任是指公民或单位基于法律规范的约束而承担的责任，其存在以法律的规定为前提。企业环境责任是一种道德责任还是法律责任？学界对此存在不同的看法。一种观点主张企业环境责任系道德责任与法律责任的有机统一体，认为企业环境责任不仅包括企业环境法律责任，亦包括企业环境道德责任。企业环境法律责任则是由法律通过强制力要求企业必须承担的环境责任。企业道德责任是指企业的经营要合乎基本的伦理道德规范，道德责任不受强制力的约束，且由社会舆论和内心压力所约束执行。道德意义上的企业环境责任范围更广，它要求企业在追逐投资

---

[1] 赵惊涛:"低碳经济视野下企业环境责任实施的路径选择"，载《吉林大学社会科学学报》2011年第6期。

者利益最大化的同时,"必须注意兼顾环境保护的社会需要,使公司的行为最大可能地符合环境道德和法律的要求,并自觉致力于环境保护事业,促进经济、社会和自然的可持续发展"。[1]道德规范与法律规范均是促进企业担承企业环境责任的工具和手段,但如果道德规范与法律规范均是企业环境责任的载体,企业环境责任既非纯粹的道德责任也非仅指法律责任,而是一种游离于道德和法律之间的责任样态。[2]这种观点迎合了当今社会在日益严重的环境污染现实面前的压力需求,人们寄希望于企业环境道德责任的辅助甚至是主导以呼唤企业的良知。

但是,从理性角度来看,道德要素主导的企业责任会无限放大企业环境责任的外延,企业环境责任标准体系会因社会公众的动机、目的、价值观的不同而无法形成自成一体的企业环境责任理论。[3]企业环境责任体系应当以法定义务与责任作为基本范式,将已具备纳入法律调整条件的道德层面的环境义务进行立法化是我们应当努力的方向。"一旦制度层面要落实社会责任之目标,自然必须明确界定企业责任之内涵,以免公司经营者无所适从。"[4]尽管现行的法律规范存在种种不足,不能与复杂的企业破坏环境行为相适应,但不能以此否定环境法律责任的正当性。在概念上我们不能否认企业环境责任的道德责任和法律责任的两种形式,但在企业环境责任建设上,我们主张尽可能地将企业环境责任立法化,弱化道德意义上的企业环境责任,因为道德准则不能够为企业提供明晰的行为规则,不具有国家强制力,企业在追逐利益时,道德规则无法对实际操纵

---

[1] 马燕:"公司的环境保护责任",载《现代法学》2003年第5期。
[2] 刘萍:"公司社会责任的重新界定",载《法学》2011年第7期。
[3] 赵万一、朱明月:"伦理责任抑或法律责任——对公司社会责任制度的重新审视",载《河南省政法管理干部学院学报》2009年第2期。
[4] 王文宇:《公司法论》,中国政法大学出版社2004年版。

企业且不需承担对等责任的股东及公司高管发生效能，只有将道德义务上升为法律义务，赋予道德规则以法律意旨，将企业自律转化为他律，才能相应提升企业的行为标准与承担的企业环境责任强度。[1]

另一种观点认为，企业环境责任是指法律明文规定的企业在追逐利润最大化的同时，对国家、社会、社区、居民负有的积极的环境保护义务，并在违反环境保护义务时应当承担不利的法律后果。企业环境责任仅指企业对环境所实施的破坏行为所应当承担的法律上的不利后果，是一种企业环境法律责任。这种法律责任甚至不因为企业的终止而消灭。其实，此种观点与前一种观点并不完全对立，只是阐述的角度和出发点有所差异。主张将企业环境责任限定于企业环境法律责任范围，是从法律适用的角度来理性界定企业环境责任，更多地考虑到环境责任对企业的约束程度。

法律责任是道德责任通过立法程序转化而来的。[2]从法律产生的历史过程来看，法律源于道德。美国行为主义法学派代表人物布莱克认为，社会生活中人与人之间关系的密切程度与法律规制的范围与程度呈负相关，与道德规制的范围与程度呈正相关。在原始社会人们互相依靠而生存，人与人之间关系密切，法律规制较少，道德规制占主要地位。现代社会逐渐由古代熟人社会向生人社会转变，人与人之间的依赖度逐渐降低，道德规制的范围与力量逐步削弱。法律与道德之间的界限是随着时间发展逐步演化的历史过程，法律责任与道德责任之间是可以相互转化的。在一定的历史时期，特定的企业环境责任形式属于法律责任还是道德责任，取决于是否通过立法程序对其

---

[1] 贾海洋："企业环境责任制度之构建"，载《经济法论坛》2018年第1期。
[2] 范进学："论道德法律化与法律道德化"，载《法学评论》1998年第2期。

进行规范。如果是法律责任，由国家强制力保障实施；如果是道德责任，则由企业自行决定是否承担。[1]

二、归入企业社会责任 vs 独立于企业社会责任

关于企业环境责任是否应当纳入企业社会责任的下位概念，学界存在明显的两派观点。一种观点认为，企业环境责任是企业社会责任理论的重要内容，企业社会责任不仅包括企业对职工的责任、企业对债权人的责任、企业对消费者的责任、企业对社区的责任、企业对社会的慈善责任，还应包括企业对环境的责任。企业环境责任是企业社会责任的一部分，传统企业社会责任内容的逐步扩展，从劳工福利、捐助慈善事业到环境保护，使企业环境责任成为企业社会责任的一个重要组成部分。[2]而有的学者对于企业环境责任与企业社会责任的关系提出了迥异的观点，认为企业社会责任并非一个严谨的法律概念，学界关于企业社会责任之界定尚未统一，企业社会责任在概念上系责任，抑或义务并未明确，不能对企业环境责任形成稳固的理论支撑；并且企业社会责任与企业环境责任生成的法理基础不同，企业社会责任理论项下的利益相关者范围与企业环境责任理论项下的利益相关者范围不同。相较而言，企业社会责任理论中的利益相关者范围远小于企业环境责任，前者范围包括的企业内部利益相关者和外部利益相关者均与企业具有直接关联性；后者则范围较广，不仅包括与企业相关的一切利益主体，还包括与企业并无直接关联的利益主体，如外地居民、外国人等，企业自身也是企业环境责任的主体。概括来讲，企业环境

---

[1] 陈冠华："企业环境责任立法问题研究"，载《北京林业大学学报（社会科学版）》2017年第3期。

[2] 涂俊：《企业环境责任批判与重构》，中国政法大学出版社2015年版。

责任的主体是包括企业在内的整个环境共同体。[1]

第三节 关于"企业环境责任"的国际文件

一、《OECD跨国企业行为准则》

1976年,经济合作与发展组织制定的《OECD跨国企业行为准则》对企业应当承担的企业环境责任进行了规范。这一文件认为,企业应当在其业务所在的国家法律、法规行政惯例等的规定范围之内,并且结合国际惯例、国际条约或协议,在适当的情况下回应社会对企业保护环境、维护公共安全和大众健康的社会需求,并且以可持续发展作为企业的发展方式进行生产经营。具体内容有:

(1) 企业应建立和维持适合本企业的环境管理制度,其中包括:(a) 充分、及时地收集并分析有关其活动的环境、健康和安全影响的信息;(b) 制定可度量目标,并在适当之时制定环境状况改善的具体目标,包括定期审议这些目标的持续相关性;并 (c) 定期监督和验证环境、健康与安全目标或具体目标的进展情况。

(2) 考虑对于成本、商业秘密和知识产权保护方面的关注:(a) 充分、及时地向公众和雇员提供有关企业活动潜在环境、健康和安全影响的信息,其中可能包括有关改善环境状况的进展报告;并 (b) 与受企业环境、健康和安全政策及其实施直接影响的社区充分、及时地交流和协商。

(3) 在决策之时,分析并解决企业生存周期内生产过程、

---

[1] 贾海洋:"企业环境责任担承的正当性分析",载《辽宁大学学报(哲学社会科学版)》2018年第4期。

产品和服务所连带的可预见的环境、健康和安全影响。如果这些拟议的活动可能具有明显的环境、健康或安全影响,而且如果这些活动须经过主管部门的决定,企业还应准备一份适当的环境评估报告。

(4) 如果在存在破坏环境的严重威胁时,根据对风险的科学和技术上的理解,同时考虑人类的健康与安全,不以科学确定性不足为原因延缓采用可防止或极大地降低此类环境破坏的有效措施。

(5) 保持防止、缓解和控制企业运行引起的严重的环境与健康破坏,包括事故和突发事件的应急计划,并建立向主管部门迅速报告的机制。

(6) 通过适当鼓励如下活动,持续地努力改善企业在环境保护方面的表现:(a) 在企业各部门采用符合企业内环境表现最佳的部门所采用的涉及环境表现的标准技术与操作程序。(b) 生产和供应的无不当环境影响的产品与服务是使用安全、消费过程中能源与自然资源利用效率高、可重复使用,或可再生并处置安全的。(c) 提高消费者对使用或接受该企业的产品和服务的环境影响的认识;并(d) 研究能够改善企业长期环境表现的途径。

(7) 向雇员提供适当的环境健康与安全方面的培训,包括有害物质处理与环境事故预防以及更普遍的环境管理知识,例如环境影响评估程序、公共关系和环境技术。

(8) 促进发展具有环境意义和经济效率的公共政策,例如通过能够强化环境意识与环境保护的伙伴关系和倡议。[1]

---

[1] 《OECD 跨国企业行为准则》,载 http://www.ccsrcenter.com/tixi_ Show.asp? 275,访问时间:2019 年 7 月 8 日。

二、《环境责任经济联盟原则》

环境责任经济联盟于 1989 年在美国成立，成员主要来自美国各大投资团体及环境组织，工作重点在于促使企业界采用更环保、更新颖的技术与管理方式，以尽到企业对环境的责任。自从 1989 年环境责任经济联盟成立以来，大约有 60 多家领域不同、规模各异的企业加入该联盟并签署了一揽子协议，包括减少浪费、节约能源、降低员工和社会的健康与安全风险。它们同意向社会公告企业在这些领域的进展，并假设他们也需要从企业管理的角度获取相同的信息，从而衡量成本、收益和进展。

环境责任经济联盟在 1989 年提出《瓦尔德斯原则》，后经修改成为《环境责任经济联盟原则》（CERES）并于 1992 年发布。该原则阐述了企业环境责任的十项内容：对生态圈的保护；永续利用自然资源；废弃物减量与处理；提高能源效率；减低风险性；推广安全的产品与服务；损害赔偿；开诚布公；设置负责环境事务的董事或经理；举办评估与年度公听会。原则特别强调企业董事会和首席执行官应当完全知晓有关环境问题，并对企业的环保政策负完全责任，企业在选举董事会时，应当把对环境的承诺作为一个考虑因素。自 1990 年起，环境责任经济联盟开始在美国及国际上致力于推动企业环境报告书的工作，目的在于提升组织环境管理事务的层次。1997 年，环境责任经济联盟还发起成立了全球报告倡议组织（GRI），该组织已于 2002 年 6 月成为一个独立的国际性组织。由全球报告倡议组织设计和推行的用于编制可持续发展报告的指导性纲领——《可持续发展报告指南》现已成为事实上的有关企业经济、社会和环境绩效报告的国际标准。

CERES 原则的一个最大优点就是 CERES 与企业不断进行对

话。与绝大多数原则和标准的执行方式不同，它不是由企业单方决定采用CERES原则，而是公共承诺签署该原则，CERES董事会接收；在与企业的对话中，董事会提出CERES网络组织认同的问题，企业可以解释该原则是如何应用到企业的经营中的。CERES原则不同于其他主要倡议的另一因素是它包括许多可迫使企业签署该原则的投资商。CERES网络组织中的九个投资商就代表着多达3000亿美元的投资，对于签署该原则的企业有着强大的社会影响。在CERES中，企业与利益相关者之间的约定是CERES原则的一个重要标志，它可以建立起利益相关者对企业的信任。CERES的优势是本着相互尊重和达成一致意见的精神，私下探讨分歧，这种以信任为基础解决冲突的方法是该组织最有价值的一个贡献。

CERES原则包含保护告密者条款，这对于保护揭露企业违反原则的那些员工非常重要，避免公开那些信息而遭受报复。CERES原则声明，对于向管理部门和适当的主管部门汇报危险事件或状况的员工，会采取一些措施保护他们。在可预见的未来，"企业环境报告书活动"在国际的影响范围将更为广泛。根据CERES，要求企业环境报告书的标准格式之内容可分为10个要项：企业简介；环境政策、组织及管理；工厂卫生与安全；小区参与与可靠性；产品管理；与供货商之间的关系；自然资源使用；污染排放；守规性；优先级与挑战。该原则前六项主要是阐述一些期望达到的目标，而后四项则要求对环境破坏有所补偿、透露造成破坏的真相及每年的环保检验结果等。

环境责任经济联盟力图通过加强环保组织和企业界的合作，推动企业主动接受CERES。环境责任经济联盟认为，全球可持续发展必须与环境责任相协调，其使命便是鼓励企业承诺并践行CERES。凡接受该原则的公司要对影响社会发展的一系列问题做出承诺,这包括:保护物种生存环境,对自然资源进行可持续性利用,减少制造垃圾和能源使用,恢复被破坏的环境等。作为一个由社会投资者和环境团体组成的非营利性组织,环境责任经济联盟一直在努力推动使所有投资者的投资更环保。环境责任经济联盟每年都要公布一个报告,对环境佼佼者进行报道,并公布10个环境最落后者,同时列出承诺CERES的企业名录。[1]

三、ISO14000 环境管理系列标准

ISO14000 环境管理系列标准是国际标准化组织(ISO)继 ISO9000 标准之后推出的又一个管理标准,其基本思路是引导建立起环境管理的自我约束机制,从最高领导到每个职工都以主动、自觉的精神处理好与改善环境绩效有关的活动,并进行持续改进。[2] ISO14000 环境管理系列标准是可持续发展思想的具体化与技术化。其宗旨是自觉参与环境保护工作,保护和改善生态环境,减少人类各项活动所造成的环境污染和影响,促进环境与经济协调发展。

该标准由 ISO/TC207 的环境管理技术委员会制定,有 14001 到 14100 共 100 个号,统称为 ISO14000 环境管理系列标准。[3] ISO9000 质量体系认证标准与 ISO14000 环境管理系列标准对组织(公司、企业)的许多要求是通用的,两套标准可以结合在一起使用。ISO14000 环境管理系列标准在许多方面借鉴了

---

[1] "ISO14000 环境管理系列标准",载 http://www.cepf.org.cn/hjzr/zrgx/200705/t20070511_103575.htm,访问时间:2019 年 7 月 8 日。

[2] 李卫卫、金开好:"我国企业实施 ISO14000 的对策",载《企业改革与管理》2007 年第 11 期。

[3] 黎子玲:"ISO14000 环境管理体系在现代企业中的建立及应用",载《中国高新技术企业》2016 年第 2 期。

ISO9000 族标准的成功经验。ISO14000 环境管理系列标准适用于任何类型与规模的组织，并适用于各种地理、文化和社会条件，既可用于内部审核或对外的认证、注册，也可用于自我管理。在 ISO14000 环境管理系列标准中，针对兼容问题有许多说明，如 ISO14000 环境管理标准的引言中指出"本标准与 ISO9000 系列质量体系标准遵循共同的体系原则，组织可选取一个与 ISO9000 系列相符的现行管理体系，作为其环境管理体系的基础"。引言的内容表明，对体系的兼容或一体化的考虑是 ISO14000 环境管理系列标准的突出特点。新版的 ISO9000 族标准更加体现了两套标准结合使用的原则，使 ISO9000 族标准与 ISO14000 环境管理系列标准联系更为紧密。

ISO14000 环境管理系列标准主要包括环境管理标准、环境审核标准、环境标志标准、环境行为标准和产品生命周期评价标准。它对企业的清洁生产、产品生命、周期分析、环境标志、企业环境管理体系加以审核，要求企业建立环境管理体系，并通过经常的检查和评审，使得环境质量有持续的改善。ISO14000 环境管理体系是由环境方针、规划、实施与运行、检查与纠正及管理评审 5 个一级要素组成，又可细分为 17 个要素。按照这 17 个要素的要求制定相应的执行程序，构成运行体系。运行体系遵循"规划—实施—验证—改正"的模式运行。ISO14000 要求企业制定由高级管理层全力支持的环境政策，并将这一政策向包括企业员工在内的公众公开。该政策必须与相关的环境法规相一致，它是整个环境管理体系的核心，指导以后环境管理体系的运作。

（1）ISO14001 是环境管理体系标准的主干标准，ISO14001 的中文名称是环境管理体系规范及使用指南，是 ISO14000 系列标准的主干标准，是该系列标准中唯一用于认证的标准。该标准于 1996 年 9 月正式颁布第一版，现在适用的是 2004 年版。ISO14001 定义：环境管理体系是一个组织内全面管理体系的组成部分，它包括为制定、实施、实现、评审和保持环境方针所需的组织机构、规划活动、机构职责、惯例、程序、过程和资源；还包括组织的环境方针、目标和指标等管理方面的内容。ISO14001 是企业依据 ISO14000 环境管理体系建立和实施环境管理体系并通过认证的国际标准，目的是规范企业和社会团体等所有组织的环境行为，以达到节省资源、减少环境污染、改善环境质量、促进经济持续健康发展的目的。[1]

（2）ISO14000 审核强调过程控制，体现了全面质量管理的管理手段，明确监控关键特性值以符合环境要求的必要性。ISO14000 认证流程步骤为：建立并实施 ISO14001 环境管理体系阶段，从形式上符合 ISO14001 的要求；做好初始环境评审；要完成环境管理体系策划工作；编制体系文件；运行环境管理体系；认证取证。经过内审和管理评审，组织在确认其环境管理体系基本符合 ISO14001 要求，且对组织适用性较好，运行充分有效后，即可在体系运行 3 个月之后，向第三方认证机构申请认证。认证机构对组织建立的环境管理体系进行审核，合格则颁发证书；如果不合格，认证机构将给出不符合项；企业对不符合项进行纠正后，认证机构重新对其进行审核，合格后颁发证书。[2] ISO14000 审核需要满足相应方的要求，以全面了解和符合政府及社会的期望。

持续改进是 ISO14000 环境管理系列标准的灵魂。ISO14000

---

〔1〕朱聪斌："ISO14000 环境管理体系标准及其实施的意义"，载《污染防治技术》2002 年第 1 期。

〔2〕苗书一等："ISO14001 环境管理体系认证在环境监测部门的应用"，载《环境与可持续发展》2014 年第 6 期。

环境管理系列标准总的目的是支持环境保护和污染预防,这个总目的要通过各个组织实施这套标准才能实现。就每个组织来说,无论是污染预防还是环境绩效的改善,都不可能一经实施这一标准就能得到完满的解决。一个组织建立了自己的环境管理体系,并不能表明其环境绩效如何,只是表明这个组织决心通过实施这套标准,建立起能够不断改进的机制,以实现其环境方针和承诺,最终达到改善环境绩效的目的。[1]

ISO14000环境管理系列标准归根结底是一套管理性质的标准。它是工业发达国家环境管理经验的结晶,在制定国家标准时又考虑到了不同国家的情况,尽量使标准能普遍适用。它的意义在于促使企业在其生产经营活动中考虑其对环境的影响,减少环境负荷;促使企业节约能源,再生利用废弃物,降低经营成本;促使企业加强环境管理,增强企业员工的环境意识,促使企业自觉遵守环境法律、法规;树立企业形象,使企业能够获得进入国际市场的"绿色通行证"。

第四节 企业环境责任的理论基础

一、可持续发展理论

马克思曾提到:"不能沉浸在对自然的胜利当中,每次所谓的胜利都会迎来自然的报复,我们对于自然的统治,在于我们比所有动物强,并能认识并运用自然的规律。"[2]随着环境资源问题的突出,人们才开始反思资源环境和经济发展间的关系,

---

[1] 芮祥军、何文君:"ISO14000环境管理标准对我国企业发展的促进作用",载《污染防治技术》2011年第4期。

[2] 《马克思恩格斯全集》(第3卷),人民出版社1982年版。

第三章　企业环境责任及其理论基础

可持续发展思想开始产生。最开始提出这一思想的是一些反增长论者，他们不认同把经济增长率当作是经济发展的目的，认为经济增长最终将以资源缺乏和环境限制为上限。让学界开始认识到可持续发展重要性的是 20 世纪 70 年代名为《增长的极限》的研究报告。它基于环境对人类发展的制约思想，构建出了未来几十、上百年的"地球模型"，并得到了这样的结论："若是世界生产和资源损耗的趋势完全没有改变，那么全球人口和生产力在未来百年内就会出现不可逆的衰减。"[1]

当前，国际法学界对可持续发展原则的定义尚未形成统一的认识，英国著名国际环境法学者家菲利普·桑兹提出的可持续发展原则四要素论或许可以成为我们分析可持续发展理论的参照系。该学说认为，在国际法上，可持续发展原则包含了代际公平、代内公平、可持续利用、环境与发展一体化四个要素。其中，代际公平是指每一代人之间在开发、利用自然资源方面的权利平等。具体包括"保存选择原则""保存质量原则"和"保存取得和利用原则"。[2]代际公平的要素所反映的是对环境资源维护的要求，是符合国际法上可持续发展原则对公平占有的要求的，其本质不在于对环境资源本身可利用价值大小的考察，而在于对环境资源状态的考察来确定保护的范围。代内公平是指代内的所有人不论其国籍、种族、性别、经济发展水平还是文化等方面的差异，对于利用自然资源和享受清洁良好的环境享有平等的权利，这是可持续发展的必要条件。代内公平强调人人都享有利用与享受环境资源的权利，其主旨是明确人们对保护环境的义务。然而，由于环境所反映出来的往往是一

---

[1] 金燕："《增长的极限》和可持续发展"，载《社会科学家》2005 年第 2 期。
[2] Philippe Sands, *Principles of International Environmental Law*, Cambridge University Press, 2003, pp. 252~266.

种"蝴蝶效应",某一地区一点点的环境问题可能造成另一地区大范围的环境灾害,所以以实现代内公平来实现对环境资源的利用往往很难判断是否会造成对这种权利在平等性上的损害。该学说中的第三个要素是可持续利用,即要求以可持续的方式利用自然资源。其中又分为对可再生资源的利用要在保持其最佳再生能力下进行,不可再生资源须保存和不以使其耗尽的方式利用。

联合国于1972年在瑞典首都斯德哥尔摩召开了人类环境会议。该会议是关于可持续发展理论的第一次重大国际讨论,同时创造了"生态发展"(Eco-development)一词。会议通过了《联合国人类环境宣言》,首次把环境问题与发展联系起来,并指出发达国家与发展中国家对环境资源问题承担共同责任。1980年3月,由联合国环境规划署(United Nations Environment Programme, UNEP)、国际自然和自然资源保护联合会(International Union for Conservation of Nature and Natural Resources, IUCN)和世界自然基金会(World Wide Fund For Nature, WWF)共同组织发起,多国政府官员和科学家参与制定《世界自然保护大纲》,初步提出可持续发展的思想,强调"人类利用对生物圈的管理,使得生物圈既能满足当代人的最大需求,又能保持其满足后代人的需求能力"。1983年,联合国成立了世界环境与发展委员会,负责研究经济增长与环境退化之间的关系。1987年,该委员会第一次将"可持续发展"这一概念引入到正式的政治领域,并在《我们共同的未来》(Our Common Future)中将"可持续发展"定义为"既满足当代人的需要,又不损害后代人满足需要的能力的发展"。1990年,联合国发布的《21世纪议程》第一次把可持续发展问题从理论层面推向行动。1992年,联合国环境与发展大会(地球高峰会议)在巴西里约热内卢召开,大会通过"里约宣言",102个国家首脑共同签署《21世纪议程》,普遍接受了可持续发展的理念与行动指南。[1]

近年来,可持续发展研究已经从原来一直以生态学、经济学等多个学科共同支撑的状态逐步发展成为一门拥有自己的理论和研究方法的学科——可持续性科学或可持续发展学。自从2000年联合国千年发展目标(Millennium Development Goals)的提出到2015年可持续发展目标(Sustainable Development Goals)的设计,在联合国的倡导下,首次以具体的、可考量指标和完成期限为导向,确立了在资源、环境、经济等多个维度实现全球共同可持续发展的总体发展框架。2013年9月,联合国大会召开了专门会议,呼吁国际社会面向未来,以普适性为基本原则制定"一个发展框架,一套发展目标"的可持续发展目标。2015年1月,联合国大会就2015年后发展议程召开特别会议并通过了决议《改变我们的世界:2030年可持续发展议程》,2015年9月27日联合国峰会正式批准通过。[2]《改变我们的世界:2030年可持续发展议程》基本涵盖了全球在发展领域的各个方面,其复杂而庞大的指标系统覆盖了从资源环境到经济发展、社会公平等主要领域。总体来看,土地、水资源、粮食、能源等资源和生态环境安全构成了在行星边界内的人类生存基础与安全保障系统。[3]而技术进步、就业、经济发展及活力则构成了全球经济繁荣的基本保证,处于可持续发展的中间层。在这两个层次的基础上,作为人类发展的重要度量,健康、生

---

[1] 牛文元:"可持续发展理论的内涵认知——纪念联合国里约环发大会20周年",载《中国人口·资源与环境》2012年第5期。

[2] United Nations, Transforming Our World: The 2030 Agenda for Sustainable Development (Vol. A/RES/70/1: 1-35), New York, 2015.

[3] Robert C., Jacqueline M., Hunter L., "An Overarching Goal for the Unsustainable Development Goals", *The Solutions Journal*, 2014.5, pp.13~16.

活水平及福利、社会公平等则构成了人类社会发展最高目的及需求的最高层次，处于可持续发展金字塔的最顶层。《改变我们的世界：2030年可持续发展议程》提出了更为广泛的食品安全、能源安全、土地安全、生态环境安全、基础设施和居住保障、应对气候变化在内的经济、社会和环境目标，还承诺建立更加和平和包容性更强的社会。

《改变我们的世界：2030年可持续发展议程》提出后不久，中国于2016年3月通过了"十三五"规划纲要，将可持续发展议程与中国国家中长期发展规划进行了有机结合。2016年9月，中国政府又发布了《中国落实2030年可持续发展议程国别方案》，该方案详细阐述了中国未来15年落实17项《改变我们的世界：2030年可持续发展议程》目标和169个具体目标的细节和方案。党的十八大报告第一次提出"经济建设、政治建设、文化建设、社会建设、生态文明建设"紧密交融的"五位一体"总体布局，为走向社会主义生态文明建设新时代做出了全面的战略部署。这五个方面的目的集中服务和服从于以人为本的发展理念，是为了增进全社会人的整体福祉和促进人的自由而全面发展的总体布局，与联合国可持续发展目标的核心主旨及基本内容完全吻合，是实现联合国可持续发展目标的中国战略。[1]2017年10月，党的第十九次全国代表大会进一步强调了"创新、协调、绿色、开放、共享"的五大发展理念，在报告中关于"绿色发展理念""坚持人与自然和谐共生""加快生态文明体制建设""建设美丽中国"等方面15次提及"绿色"、4次提及"绿色发展"，以及推进绿色发展等一系列指导思想，为我国未来中长期坚定不移地践行可持续发展理念认定了方向

---

[1] 魏彦强等："联合国2030年可持续发展目标框架及中国应对策略"，载《地球科学进展》2018年第10期。

第三章 企业环境责任及其理论基础

和目标。

可持续发展理论要求处理好"人与自然"之间的关系,这是可持续能力的"硬支撑"。人的生产和生活须臾离不开自然界所提供的基础环境,包括空间环境、气候环境、水环境、生物环境等,离不开各类物质与能量的资源保证,离不开环境容量和生态服务的供给,离不开自然演化进程所带来的挑战和压力,甚至也必须承认人本身也是自然进化的产物。如果没有人与自然的和谐,没有人与自然的协同进化,[1]没有一个环境友好型的社会,就不可能有人的生存和发展,当然就更谈不上可持续发展。从国家顶层设计的层面,在可持续发展理论指导下的国家战略应当从经济增长、社会进步和环境安全的综合目标考虑,建立一个完善的战略体系。该体系的宗旨:①保持经济的理性增长,它既不同意限制财富积累的"零增长",也反对不顾一切条件提倡过分增长。②提高经济增长的质量。新增财富的内在质量应当加以改善,新增财富在资源消耗上要越来越低;在对生态环境的干扰强度上要越来越小。③保护自然资源。地球的资源基础在可以预期的将来,仍然是供养世界人口生存与发展的唯一来源。可持续发展依赖于地球资源的维持、地球资源的深度发现、地球资源的合理利用乃至于废弃物的资源化。④坚持环境与经济发展的平衡。在经济发展水平不断提高时,也能相应地将环境能力保持在较高的水平上,以维系人与自然之间的

---

[1] 美国学者彼得·温茨就曾提出环境协同论:"如果我们怀有对自然最大限度地获取的欲望,我们就会使自然服从于人类的意图,仅将自然作为实现人类目的的手段,而不会关注生态系统与动物个体自身,这会妨碍增进人类福利,对自然施加的无限制权力往往如同无限制的政治权力一样,对人们来说是危险的。他主张,人类有必要采取措施来协同人与环境的关系,作为利用环境资源的企业更应该在协调人与环境的关系方面尽到应有的责任。"[美]彼得·S. 温茨:《现代环境伦理》,宋玉波、朱丹琼译,上海人民出版社 2007 年版。

协调发展。[1]

二、环境资源价值理论

新古典经济学的观点认为,当某种环境因子被使用的边际成本大于零,则意味着该因子已具有稀缺性,稀缺性的资源需要以价格杠杆进行调节,由此就产生了环境资源价值。西方环境经济学家主要是以效用价值论为基础构建环境资源价值理论,认为环境资源的全部经济价值可以划分为使用价值和存在价值(资源禀赋价值)两部分;使用价值包括能直接进入当前的消费和生产活动中的价值、环境所提供的支撑生产和消费的服务功能价值和当代人为了保证后代人对环境资源的使用而对环境资源所表示的支付意愿价值。存在价值是指人类的发展将有可能利用的价值和满足人类精神文化和道德需求的价值。

随着环境资源的日益稀缺与环境问题的日益突出,中国环境资源等领域的学者开始关注环境资源价值问题,认识的主流是基于马克思的劳动价值论。[2]1985年,许涤新在《生态经济学探索》[3]中用马克思的劳动价值论分析了环境资源价值。其主要观点有:①环境资源中直接参与物质资料生产过程的自然资源,在生产过程中由于不断凝结了人类劳动而具有了相应的价值,包括资源的勘查、开发、运输等环节所加入的劳动价值。

---

[1] 牛文元:"可持续发展理论的内涵认知——纪念联合国里约环发大会20周年",载《中国人口·资源与环境》2012年第5期。

[2] 马克思劳动价值论的主要理论根据是地租理论。马克思的地租论认为:"地租是为了取得使用自然力或者(通过使用劳动)占有单纯自然产品的权利而付给这些自然力或单纯自然产品的所有者的价格。"[德]马克思:《资本论》(第3卷),人民出版社1972年版。

[3] "实现理论与实践的统一",载 http://www.cssn.cn/xr/201404/t20140404_1057792.shtml,访问时间:2019年6月26日。

②人们生产和生命过程中必需的空气、水、自然景观等环境资源本没有价值,但是现代社会发展的一个严重后果是,洁净的水、空气、自然景观等环境资源变得越来越少了,人们为了满足这方面的需求,不得不从事保护、净化等追加的生产活动,从而使这些环境资源在人们追加保护、净化等劳动的条件下具有了价值。③环境资源的价值与它的稀缺性没有直接关系,稀缺的作用在于推动对资源的投入的增加。

中国学术界对环境资源价值的非主流认识分为两类。①从所有权关系入手分析环境资源价值,认为自然环境资源具有两权分离性。空气、水体、森林、土地、矿藏等自然环境资源是公共财物,而经营权和占有权可以分离,可以转让。分离和转让过程中使经营者获得利益,这时要返还部分利益给资源的所有者,形成按生产要素分享所得。自然环境资源占有过程中的交换隐藏在环境资源与经济生产的物质变换之中,交换的双方是环境资源的使用者(主要指企业)与国家(社会)。形式上是经济生产同自然环境资源之间的物质交换,而实质上是占有资源者同国家(社会)之间进行的隐蔽在物质交换中价值量的交换。这种价值交换是在社会范围内进行的,即自然环境资源不合理利用中价值交换的"隐形"市场。这种"隐形"的物质交换关系被人们所认识,那么社会将按照价值规律,也就是等价交换原则对自然环境资源进行商品化管理,即实行有偿占有者向资源所有者缴纳资源税、污染损失补偿费用。②部分经济学者从人与物的关系即使用价值入手分析环境资源价值。在传统的经济和价值概念中,或认为没有劳动参与的东西没有价值,或认为不能交易的东西没有价值,由此导致了原料低价和掠夺式开发。按照劳动价值论,凡花费了人的劳动的环境费用(诸如环境防护费、治理费、管理科研费等)都不难计算价值。但是环境费用远不止这些，有些环境资源的实际价值（效用价值）远远大于花费在其上的劳动价值（比如林地、水域等），有些环境资源虽无人类的劳动加于其中却很有价值（原始森林、野地等）。

由此可见，坚持劳动价值论者认为，加于环境资源的劳动构成环境资源的价值；坚持效用价值论者认为，环境资源的经济价值不仅指直接进入生产和消费过程中的那部分资源的价值，还应包括环境资源满足人类社会持续发展的那部分价值。效用价值论是从物品满足人的欲望能力或人对物品效用的主观心理评价角度来解释价值及其形成过程的经济理论。运用效用价值理论很容易得出自然资源具有价值的结论，内在的使用价值、物质性效用和外在的有限性或稀缺性构成了赋予自然资源价值的充分且必要的条件，亦即形成了可以对自然资源进行定价的原理和准则。但同时应该看到，效用价值论存在的主要问题是：①效用本身难以确定。决定价值的尺度是效用，而效用本身是一种主观心理现象，无法从数量上精确地加以计量。②效用论的价值观无法解决长远或代际资源利用问题。效用论以对当代人的使用价值大小来衡量资源和环境的价值，从一定意义上讲，是把当代人的价值无限延伸到以后世代。这在伦理上不可行且不公平。

劳动价值论和效用价值论都是基于传统的工业文明产生的价值观，两种价值论都认为经济体系中的价值唯一地形成于其生产过程。在分析并解决现代环境与发展问题时，我们可以从可持续发展角度重新认识环境资源价值。从经济系统与生态环境系统的复合关系出发，价值理论应该在原有的基础上发展、创新，可持续发展承担了对未来发展的道德上的义务。因此，有利于长远发展的环境资源价值的确定应以如何保持环境资源总量的稳定为核心,环境资源价值应该体现其现在和将来对人类的经济价值的总和。环境资源的价值主要由物质性资源价值、功能性价值和人类附加劳动价值构成,其中功能性价值数额较大且难以量化。基于经济与环境的双向相互影响,我们要确保经济能够与环境按照一定的规律和谐发展,环境资源定价必须以环境资源价值为基础,以可持续发展的环境经济效率为指导原则,综合考虑环境资源市场供求与其弹性特征,完善环境资源市场。[1]

吴斌在环境资源价值的前提下分析了环境资源正价值与负价值及其对环境资源的影响:①环境资源正价值是指人们所进行的各类活动充分遵循环境资源利用的客观规律,合理利用资源,保护生态环境,使得环境资源在与人类交换的过程中所产生的长期有益性。从微观主体出发,如果一个企业在其生产经营过程中能够增强环保意识,注意保护环境,减少污染,维持生态平衡,使其产品及制造技术符合环保标准,则环境资源在该企业中所表现出的是其正价值。这不仅表现在该企业所产产品的原始资源上,而且还表现在企业的日常经济效益和社会效益上,如企业所缴纳的排污费、污染治理支出的减少会增加其收益,与此同时还会给企业生产创造一个良好的社会环境,增强企业的社会效益。②环境资源负价值是指人类所进行的各种活动无视环境资源利用的客观规律甚至破坏环境,使得环境资源在与人类的交换过程中显示出的日益匮乏性乃至危害性。当企业对环境资源的要求超过环境本身的供应能力而又不遵循客观规律去寻找相应的替代物时,企业发展所需要的资源会逐渐丧失;过多的废弃物存在于环境之中,当超过环境的自然吸收

---

[1] 李秉祥、黄泉川:"基于可持续发展的环境资源价值与定价策略研究",载《社会科学》2005年第7期。

能力时，废弃物就会使环境所提供的服务减少，由此产生环境资源的负价值。环境资源负价值的作用不仅会增加企业的费用支出，而且从长远来看，既不利于企业的发展也不利于社会经济的发展。环境资源负价值最终以人类的污染损失、健康恶化和后代的可持续利用的损失等来补偿。[1] 为此，人类必须认识到环境资源价值与人类发展乃至生存息息相关，必须采取措施促使环境资源负价值向其正价值转化，树立环境资源价值观念，对环境资源实行有偿使用和资源的优化利用，维持企业和社会的良性发展。

三、外部性理论

纵观经济学发展史，对外部性理论研究有着重要贡献的经济学家代表人物是马歇尔、庇古和科斯。外部性的概念最早是马歇尔[2]提出来的，他在经济活动的研究中发现，在生产规模扩大的情况下，可能会给产业带来"外部经济"和企业自身的"内部经济"。在马歇尔的理论中，外部经济是指由于企业外部的包括市场区位、市场容量、地区分布、相关企业的发展水平、运输通信条件等因素所导致的生产费用的减少和收益递增。马歇尔认为外部经济包括三种类型：市场规模扩大提高中间投入的规模效益；劳动力市场供应；信息交换和技术扩散。前两者称为金钱的外部性，后者被称为技术外部性（也称"纯"外部经济），它并不与收益递增的市场结构有关。这一理论是外部性

---

[1] 吴斌、赵延军、王力岩："环境资源价值分析"，载《中国环境管理干部学院学报》2004年第2期。

[2] 阿尔弗雷德·马歇尔（Alfred Marshall, 1842年—1924年）是近代英国最著名的经济学家，新古典学派的创始人，剑桥大学经济学教授，19世纪末和20世纪初英国经济学界最重要的人物。他在1890年出版的《经济学原理》一书中首次提出了"外部经济"的概念。

理论最早的出现形式。而后庇古[1]在马歇尔"外部经济"的影响下正式提出和建立外部性理论，他认为在经济活动中，如果某厂商给其他厂商或整个社会造成必须付出代价的损失，那就是外部不经济，此时厂商的边际私人成本小于边际社会成本。当出现这种情况时，依靠市场是不能解决这种损害的，即所谓市场失灵，需要政府进行适当干预，庇古据此提出了"庇古税"，也就是用税收的方法来实现外部性的内部化。科斯[2]认为庇古的观念是错误的，他认为理性的主体会在考虑外溢成本和收益的情况下让资源得到最优利用，从而不存在庇古认为的社会成本，并且可以把外部性问题转化成产权问题，利用谈判、协商等手段实现利益最大化。由此可以总结出，经济学视角下对于外部性的治理有以"庇古税"为代表的外部治理和以"科斯定理"为代表的内部治理两种路径。"庇古税"对于经济活动产生的负外部性的治理办法就是征税，通过增加个体经济活动的成本直到其产量符合社会整体福利的要求。"科斯定理"的治理方式是在产权明确界定的前提下，通过当事人进行自由协商，让市场充分发挥作用，如果交易费用足够低，协商与交易往往能够较好地解决外部性问题。[3]我国学者杨小凯、张五常等人认为，外部性本身就是一个"模糊不清"的概念，外部性问题是节省界定产权的外生交易费用和节省产权不清的内生交易费

---

[1] 庇古（Arthur Cecil Pigou，1877年—1959年）是英国著名经济学家，剑桥学派的主要代表之一，最著名的代表作是《福利经济学》。

[2] 罗纳德·哈里·科斯（Ronald H. Coase），新制度经济学的鼻祖，美国芝加哥大学教授、芝加哥经济学派代表人物之一，1991年诺贝尔经济学奖的获得者。对经济学的贡献主要体现于他的两篇代表作《企业的性质》和《社会成本问题》。

[3] 种项戎："外部性视角的逆经济全球化分析"，载《经济研究参考》2018年第68期。

用的问题,其本质是交易费用的问题。[1]外部性概念本身只是解释市场失灵的众多工具之一,讨论外部性的意义在于内部化,也就是纠正市场失灵。[2]目前被大多数国内外学者认同的关于外部性的最新定义是萨缪尔森在其《经济学》一书中对外部性的定义:"那些生产或消费对其他团体强征了不可补偿的成本或给予了无须补偿的收益的情形,也就是说某些主体的生产或消费对其他主体产生附加的成本或效益。"[3]可见,外部性可以分为两大类:一种是外部正效应,即某些主体的行为有意无意地给其他主体带来外部收益,也就是一种收益外溢;一种是外部负效应,成本外溢给其他主体造成损失。[4]

从外部性的成因上看,由于生产经营主体在进行决策时只考虑对自身利益有直接影响的成本和收益,而对自身没有直接影响的成本和收益视而不见,使环境往往难以成为生产经营者内部的关注对象。同时,由于环境的公共物品属性,缺少明确的权利或者职责人,这就造成了环境外部性的不受重视。Scott J. Callan 认为,如果外部性对社会大部分人产生影响,并且这种影响是非竞争性的和非排他性的,则外部性本身就是一个公共物品。因此,生产经营活动所带来的环境外部性如果是积极的,这个过程本身就可以是环境资源修复的过程。合理地引导和组织生产经营活动,增加对环境的正外部性,即某种生产经营活

---

[1] 张五常:《经济解释——张五常经济论文选》,商务印书馆 2000 年版;杨小凯、张永生:《新兴古典经济学和超边际分析》,中国人民大学出版社 2000 年版。

[2] 宋国君、金书秦、傅毅明:"基于外部性理论的中国环境管理体制设计",载《中国人口·资源与环境》2008 年第 2 期。

[3] [美]保罗·萨缪尔森、威廉·诺德豪斯:《经济学》,萧琛等译,华夏出版社 1999 年版。

[4] 何伟军等:"博弈论视角下的企业绿色生产的外部性问题",载《武汉理工大学学报(社会科学版)》2013 年第 6 期。

动附带地对环境增加了价值但不一定收到合理的回报,这种过程虽然作为外部性的特征也是一个不平衡的市场失灵现象,但对环境改善有很大的作用。[1]

环境外部性产生的成因大致包括三个方面:一是产权模糊是外部性尤其是负外部性的一个典型来源。由于生态环境是一种特殊的公共产品,使用上具有非竞争性和非排他性,公共产品的产权通常是不明晰的,任何人无法用有效的手段阻止他人对某一公共产品的使用。二是"市场缺陷"导致负外部性。古典经济学家认为,市场是一双看不见的手引导"经济人"在谋取自身利益的同时客观上促进社会福利,自利心对社会不仅没有坏处甚至比社会关怀更能促进社会福利。但是,市场机制发挥作用的前提条件是产权明晰。公共产权是未加明确界定的产权,它因"市场缺陷"带来很大的外部性。三是利益分散下产生外部性问题。无论在何种经济体制下,经济活动都是分散进行的,各经济主体在利益上有其相对独立性。由于有意识地增加外部成本同降低其私人内部成本紧密相连,私人的生产活动易通过对此种物品的破坏构成对他人和社会的危害,而经济主体通常只考虑内部成本与效益就忽视了企业的社会责任。环境外部性产生的成因可以为我们有效地解决外部性问题提供新思路。现阶段,许多企业将本应承担的环境污染、生态破坏、资源浪费产生的成本转嫁到社会的其他主体乃至后代身上,降低劳动者福利、损害消费者利益,由此大幅度地"降低"成本,以此获得生存和利润。[2]在市场失灵的情况下,不可能单纯依

---

[1] [美]卡兰、托马斯:《环境经济学与环境管理:理论、政策与应用》(第3版),李建民、姚从容译,清华大学出版社2006年版。

[2] 陈圻、陈佳:"成本外部化陷阱:创新与经济转型最大的制度性障碍——'去外部化'的政策选择",载《中国软科学》2016年第2期。

靠市场力量实现经济转型，这为政府干预提供了机会和理由。为了保证资源配置的有效性，需要对外部性进行治理，应结合使用市场调节和政府规制等方法保证在明晰产权等市场机制运作基础上充分发挥政府环境管理作用，使外部性问题内部化，促进环境的保护与可持续发展。环境经济政策是国家环境部门引导经济主体进行选择以便最终有利于环境的一种政策手段。因此，最大限度地减弱以至消除环境问题的负外部性的影响，将外部性问题内在化是环境经济政策的目标。[1]

对于企业自身而言，从短期经济效益来看，企业履行环境责任必然导致企业成本增加，从而会降低企业的经济效益，削弱企业的竞争力。但是，从长期经济效益来看，企业履行环境责任，利用技术创新降低能耗与成本，可以有效节约资源和能源、有效利用原材料和回收利用废旧物资，循环利用企业副产品以取得经济效益。随着公众环境意识的觉醒，企业履行环境责任的水平日益成为消费者购买产品或服务时考虑的重要因素。当积极履行环境责任的企业得到更多关注，政府、社会公众、消费者肯定企业为积极履行环境责任所做出的努力时，企业市场形象则得以提高。[2]

---

[1] 陈玉玲："生态环境的外部性与环境经济政策"，载《经济研究导刊》2014年第16期。

[2] 叶志伟、叶陈刚："企业履行资源环境责任与可持续发展"，载《企业经济》2011年第7期。

第四章
我国当代企业环境责任制度的评析

企业践行环境责任需要相关法律制度的约束和保障,所以,我们需要全面审视我国企业环境责任的立法及其实践现状,并积极完善相关法律制度。企业环境责任的履行贯穿于企业自成立以来的整个运行过程中,并且分布于企业建设、生产、信息披露等不同的领域。基于此,谨以具有显示性的企业所涉及的领域为主线,对我国现行的与企业环境责任相关的立法规范进行梳理,以期寻求企业环境责任履行的最佳路径。

第一节 建设领域的企业环境责任

企业是按照法定程序成立的,具有固定的组织机构,拥有独立的财产,并能以自己的名义取得权利和承担义务的社会经济组织。企业的设立要符合法定的条件,要按照法定的程序,经过主管部门审核批准,在工商行政管理部门申请注册登记。对于涉及环境污染、资源利用类型的企业,国家环境主管部门要对企业的选址、生产经营的规模、对环境的影响进行环境影响评价,在确定对周边不产生负面影响的前提下才可能获得开办企业的资格;并且在企业的建设及后续生产中必须遵循"三同时"制度,以确保企业在实现利润的同时对环境不构成威胁。在建设项目环境管理中,"三同时"制度与环境影响评价制度相辅相成,共同构成环境监管的两项重要的环境法律制度。

一、环境影响评价制度

1964年,在加拿大召开的一次国际环境质量评价学术会议上首次提出了"环境影响评价"的概念,美国首先将其作为一项法律制度确立下来,此后,许多国家和地区的环境立法纷纷效仿。对于环境影响评价内涵的界定,国内外学者有不同的见解,主流观点认为:"环境影响评价是对一种行动的环境后果预测、评价、解释和表达,这种行动可以是建设项目、立法提案、政策、计划或操作程序等,最终将评价结果应用于决策的一种活动。"[1]

环境影响评价制度要求企业在进行建设活动之前,对建设项目的选址、设计和建成投产使用后可能对周围环境产生的不良影响进行调查、预测和评定,提出防治措施,并按照法定程序进行报批的法律制度。环境影响评价制度是实现经济建设、城乡建设和环境建设同步发展的主要法律手段。建设项目不但要进行经济评价,而且要进行环境影响评价,科学地分析开发建设活动可能产生的环境问题,并提出防治措施。通过环境影响评价,可以为建设项目合理选址提供依据,防止由于布局不合理给环境带来难以消除的损害;通过环境影响评价,可以调查清楚周围环境的现状,预测建设项目对环境影响的范围、程度和趋势,提出有针对性的环境保护措施;环境影响评价还可以为建设项目的环境管理提供科学依据。

(一)我国环境影响评价制度的立法历程

我国环境影响评价制度的立法经历了三个阶段。第一阶段为创立阶段。1979年颁布的《环境保护法(试行)》首次使环

---

[1] 汪劲:《中外环境影响评价制度比较研究:环境与开发决策的正当法律程序》,北京大学出版社2006年版,第46页。

境影响评价制度法律化。1981年颁布的《基本建设项目环境保护管理办法》专门对环境影响评价的基本内容和程序作了规定,并于1986年进行了修改,明确了环境影响评价的范围、内容、管理权限和责任。第二阶段为发展阶段。1989年,正式颁布《环境保护法》,该法第13条规定:"建设污染环境的项目,必须遵守国家有关建设项目环境保护管理的规定。建设项目的环境影响报告书,必须对建设项目产生的污染和对环境的影响作出评价,规定防治措施,经项目主管部门预审并依照规定的程序报环境保护行政主管部门批准。环境影响报告书经批准后,计划部门方可批准建设项目设计任务书。"1998年,国务院颁布《建设项目环境保护管理条例》,对环境影响评价的适用范围、评价时机、审批程序、法律责任等方面均作出了很大修改。1999年,原国家环保总局颁布《建设项目环境影响评价资格证书管理办法》,2005年进行了修订并于2006年1月1日起施行。该办法的出台促进了环境影响评价活动的科学化和专业化。第三阶段为完善阶段。2014年修正并于2015年1月1日起施行的《环境保护法》具体列举了应当依法进行环境影响评价的开发利用规划和建设项目。2002年,全国人大常委会颁布了《环境影响评价法》,于2016年再次修改实施。此次修改是环境领域立法上的又一次重大突破,有助于企业对自己的建设行为的合规性进行前期预判,实现从根源上减少环境污染和生态破坏的目标。

(二)《环境影响评价法》的基本内容

《环境影响评价法》第4条规定:"环境影响评价必须客观、公开、公正,综合考虑规划或者建设项目实施后对各种环境因素及其所构成的生态系统可能造成的影响,为决策提供科学依据。"《环境影响评价法》第二章专章规定了规划的环境影响评价制度,第三章专章规定了建设项目的环境影响评价制度,对环境影响评价的范围、程序、对环境影响评价报告质量负责人的主体等均作出了详细的规范。

（1）规划的环境影响评价。国务院有关部门、设区的市级以上地方人民政府及其有关部门，对其组织编制的土地利用的有关规划，区域、流域、海域的建设、开发利用规划，应当在规划编制过程中组织进行环境影响评价，编写该规划有关环境影响的篇章或者说明。规划有关环境影响的篇章或者说明，应当对规划实施后可能造成的环境影响作出分析、预测和评估，提出预防或者减轻不良环境影响的对策和措施，作为规划草案的组成部分一并报送规划审批机关。未编写有关环境影响的篇章或者说明的规划草案，审批机关不予审批。

国务院有关部门、设区的市级以上地方人民政府及其有关部门，对其组织编制的工业、农业、畜牧业、林业、能源、水利、交通、城市建设、旅游、自然资源开发的有关专项规划（以下简称专项规划），应当在该专项规划草案上报审批前，组织进行环境影响评价，并向审批该专项规划的机关提出环境影响报告书。

专项规划的环境影响报告书应当包括下列内容：①实施该规划对环境可能造成影响的分析、预测和评估；②预防或者减轻不良环境影响的对策和措施；③环境影响评价的结论。专项规划的编制机关对可能造成不良环境影响并直接涉及公众环境权益的规划，应当在该规划草案报送审批前，举行论证会、听证会，或者采取其他形式，征求有关单位、专家和公众对环境影响报告书草案的意见。编制机关应当认真考虑有关单位、专家和公众对环境影响报告书草案的意见，并应当在报送审查的环境影响报告书中附具对意见采纳或者不采纳的说明。

专项规划的编制机关在报批规划草案时，应当将环境影响

第四章　我国当代企业环境责任制度的评析

报告书一并附送审批机关审查；未附送环境影响报告书的，审批机关不予审批。设区的市级以上人民政府在审批专项规划草案，作出决策前，应当先由人民政府指定的生态环境主管部门或者其他部门召集有关部门代表和专家组成审查小组，对环境影响报告书进行审查。由省级以上人民政府有关部门负责审批的专项规划，其环境影响报告书的审查办法，由国务院生态环境主管部门会同国务院有关部门制定。设区的市级以上人民政府或者省级以上人民政府有关部门在审批专项规划草案时，应当将环境影响报告书结论以及审查意见作为决策的重要依据。对环境有重大影响的规划实施后，编制机关应当及时组织环境影响的跟踪评价，并将评价结果报告审批机关；发现有明显不良环境影响的，应当及时提出改进措施。

（2）建设项目的环境影响评价。国家根据建设项目对环境的影响程度，对建设项目的环境影响评价实行分类管理。建设单位应当按照下列规定组织编制环境影响报告书、环境影响报告表或者填报环境影响登记表（以下统称"环境影响评价文件"）：①可能造成重大环境影响的，应当编制环境影响报告书，对产生的环境影响进行全面评价；②可能造成轻度环境影响的，应当编制环境影响报告表，对产生的环境影响进行分析或者专项评价；③对环境影响很小、不需要进行环境影响评价的，应当填报环境影响登记表。建设项目的环境影响报告书应当包括下列内容：①建设项目概况；②建设项目周围环境现状；③建设项目对环境可能造成影响的分析、预测和评估；④建设项目环境保护措施及其技术、经济论证；⑤建设项目对环境影响的经济损益分析；⑥对建设项目实施环境监测的建议；⑦环境影响评价的结论。

建设单位可以委托技术单位对其建设项目开展环境影响评

价，编制建设项目环境影响报告书、环境影响报告表；建设单位具备环境影响评价技术能力的，可以自行对其建设项目开展环境影响评价，编制建设项目环境影响报告书、环境影响报告表。编制建设项目环境影响报告书、环境影响报告表应当遵守国家有关环境影响评价标准、技术规范等规定。接受委托为建设单位编制建设项目环境影响报告书、环境影响报告表的技术单位，不得与负责审批建设项目环境影响报告书、环境影响报告表的生态环境主管部门或者其他有关审批部门存在任何利益关系。

建设单位应当对建设项目环境影响报告书、环境影响报告表的内容和结论负责，接受委托编制建设项目环境影响报告书、环境影响报告表的技术单位对其编制的建设项目环境影响报告书、环境影响报告表承担相应责任。设区的市级以上人民政府生态环境主管部门应当加强对建设项目环境影响报告书、环境影响报告表编制单位的监督管理和质量考核。负责审批建设项目环境影响报告书、环境影响报告表的生态环境主管部门应当将编制单位、编制主持人和主要编制人员的相关违法信息记入社会诚信档案，并纳入全国信用信息共享平台和国家企业信用信息公示系统向社会公布。

对于环境影响较大或涉及保密事项等特殊建设项目，《环境影响评价法》规定，核设施、绝密工程等特殊性质的建设项目，跨省、自治区、直辖市行政区域的建设项目，由国务院审批的或者由国务院授权有关部门审批的建设项目的环境影响评价文件，由国务院生态环境主管部门负责审批。建设项目可能造成跨行政区域的不良环境影响，有关生态环境主管部门对该项目的环境影响评价结论有争议的，其环境影响评价文件由共同的上一级生态环境主管部门审批。

建设项目的环境影响评价文件经批准后，建设项目的性质、规模、地点、采用的生产工艺或者防治污染、防止生态破坏的措施发生重大变动的，建设单位应当重新报批建设项目的环境影响评价文件。建设项目的环境影响评价文件自批准之日起超过五年，方决定该项目开工建设的，其环境影响评价文件应当报原审批部门重新审核。

建设项目的环境影响评价文件未依法经审批部门审查或者审查后未予批准的，建设单位不得开工建设。建设项目建设过程中，建设单位应当同时实施环境影响报告书、环境影响报告表以及环境影响评价文件审批部门审批意见中提出的环境保护对策措施。在项目建设、运行过程中产生不符合经审批的环境影响评价文件的情形的，建设单位应当组织环境影响的后评价，采取改进措施，并报原环境影响评价文件审批部门和建设项目审批部门备案；原环境影响评价文件审批部门也可以责成建设单位进行环境影响的后评价，采取改进措施。生态环境主管部门应当对建设项目投入生产或者使用后所产生的环境影响进行跟踪检查，对造成严重环境污染或者生态破坏的，应当查清原因和责任。对属于建设项目环境影响报告书、环境影响报告表存在基础资料明显不实，内容存在重大缺陷、遗漏或者虚假，环境影响评价结论不正确或者不合理等严重质量问题的，依法追究建设单位及其相关责任人员和接受委托编制建设项目环境影响报告书、环境影响报告表的技术单位及其相关人员的法律责任。

（三）环境影响评价制度的司法适用障碍——以常州"毒地"事件为例

2016年上半年发生的常州外国语学校"毒地"事件把环境影响评价问题推上风口浪尖。2015年9月，常州外国语学校迁至位于新北区龙虎塘街道的新校区,新校区与常隆污染地块仅一路之隔。2015年12月,有家长在接送孩子时闻到学校周边有刺激性气味,后得知是常隆污染场地在进行土壤修复施工。该污染场地原址是几十年的农药厂、化工厂,家长得知消息后一阵恐慌,纷纷质疑常州外国语学校选址不当。2015年底以来,常州外国语学校的很多在校学生不断出现不良反应和疾病,有493人出现皮炎、湿疹、支气管炎、血液指标异常、白细胞减少等异常症状。调查发现,污染地块部分污染物超标近10万倍,学校内污染物质与污染地块上的污染物质对应吻合。[1]作为建校依据的环评报告批复时间是2012年3月31日,然而学校奠基施工的时间却是2011年8月21日,也就是说,学校开始施工的时间比环评批复时间整整提前了7个多月,属于典型的未批先建。常州外国语学校污染事件的原因到底是未批先建之程序不合法,还是环境影响评价制度的缺失?

首先,根据常州外国语学校的环评报告表,该学校项目的选址依据是《常州市城市总体规划用地规划图(2004—2020)》(以下简称《总体规划》)、《新北区次区域(总体)规划调整(2004—2020)》以及《通江路西辽河路南地块规划条件》。规划将处于化工厂包围之中的学校所在地定为教育用地。这意味着即使没有常州外国语学校,也将会有其他学校在此建设。按照环评相关法律的要求,在该规划被最终审批之前应当履行环评手续以评估此规划的环境可行性以及规划内部土地利用之间的相互影响。然而《总体规划》中并未提及污染土壤的治理和修复,也并没有公开资料显示该规划以及新北区的区域规划进行了实质而有效的环评。作为能够从最早的用地规划和选址选

---

[1] 参见 https://baike.baidu.com/item/常州外国语学校污染事件/19525259?fr=aladdin,访问时间:2019年6月28日。

线阶段预防环境不利影响的制度，规划环评在此次污染事件中因被搁置而失守。

其次，常州外国语学校建设项目在前（2011年）而常隆地块的污染场地修复工程在后（2014年），离污染地块仅仅300米的常州外国语学校，作为一个比较重要的环境敏感区，显然属于污染修复工程的环境保护目标。修复工程环评应当对场地修复过程中可能对常州外国语学校带来的环境影响进行评估、预防和控制。修复工程只有经过环保部门审批之后才能开始施工，并要在修复过程中采取相应的防护措施，要对修复工程进行环评，并采取有效措施避免对周围环境的影响。在《土壤污染防治法》尚未出台之时，我国主要依据2013年以后国务院办公厅颁布的《关于印发近期土壤环境保护和综合治理工作安排的通知》以及环境保护部（已撤销）颁布的《关于加强工业企业关停、搬迁及原址场地再开发利用过程中污染防治工作的通知》等规范性文件对化工企业在搬迁过程中的土壤修复责任进行规范。江苏省原环保厅也曾颁布《关于规范工业企业场地污染防治工作的通知》，要求污染责任人或场地使用权人对污染场地进行污染调查、风险评估和场地修复。[1]然而上述文件对于污染责任人的规定是比较模糊的，特别是在土地使用权发生变动后，到底由造成场地污染的责任人还是由污染场地使用权人承担治理修复责任并不明确。

最后，依据《环境影响评价法》规定，国家根据建设项目对周围环境的影响程度进行分类管理。可能造成重大环境影响的建设项目，应当编制环境影响报告书，对产生的环境影响进

---

[1] 参见《关于规范工业企业场地污染防治工作的通知》，载http://public.sipac.gov.cn/gkml/gbm/hjbhj/201603/t20160303_414764.htm，访问时间：2019年6月29日。

行全面评价；那些可能造成轻度环境影响的，应当编制环境影响报告表，对产生的环境影响进行分析或者专项评价。根据《建设项目环境影响评价分类管理目录》的划分，常州外国语学校由于对周围的环境影响属于轻度，故只需编制内容相对简单的环评报告表即可。根据《环境影响评价技术导则》的要求，环境现状调查与评价主要包括三类：①自然环境现状调查与评价，包括地理地质概况、地形地貌、气候气象、水文、土壤、水环境、大气环境等内容；②社会环境现状调查与评价，主要包括农业、工业、土地利用、交通运输等现状及相关发展规划、环境保护规划的调查；③环境质量和区域污染源调查与评价，主要对环境功能区、环境敏感区以及污染状态进行调查。常州外国语学校的评估报告也确实对以上三类分别进行了调查与评价，但该部分主要调查和评价的是学校用地范围内的地质和水文状况，并没有包括对可能会影响学校运行的常隆化工地块的土壤和水文情况进行调查分析，并未就学校用地与相关土地利用规划、环境保护规划的相容性这一关键问题进行分析。也就是说针对建设项目周围环境状况的调查与评价，我国的环评技术导则事实上设置了层层的内容和技术要求以尽可能精确地了解建设项目所在区域的环境质量和环境容量，了解建设项目与周围规划和项目的契合程度，但是这些技术上的要求并未有效反映在环评法律的规范性要求和审批程序中。[1]周围的环境质量状况以及对项目产生的影响并不构成论证项目选址合理性的组成部分，因而也不是环保部门据以审批的关键因素。在常州外国语学校的环评报告中，只有符合城市总体规划的用地审批以及项目对周围环境的影响评估才是项目选址是否合理的两大

---

〔1〕 卢少军、余晓龙："环境风险防范的法律界定和制度建构"，载《理论学刊》2012年第10期。

要件。环评报告虽然提到了作为周围环境状况之一的常隆地块的土壤和地下水污染以及场地修复过程中可能对学校产生的影响,但这种影响并不导致环评审批部门对常州外国语学校建设项目的否决。[1]因此,为了预防常州"毒地"事件类似悲剧的发生,需要对环评的技术导则和法律程序的衔接和契合进行反思,明确"周围环境状况的调查与评价"这一科学性问题在环评法律程序中的角色,使环境影响评价制度立法更加科学。

二、"三同时"制度

"三同时"制度是我国出台的最早的一项环境保护制度。它是中国的独创,是在中国社会主义制度和建设经验的基础上提出来的环境管理制度。

(一)我国"三同时"制度的立法历程

20世纪60年代初,国务院在防治沙尘危害的相关规定中曾提出"三同时"的要求。1972年,国家计划委员会(现为国家发展和改革委员会)等出台的《关于官厅水库污染情况和解决意见的报告》要求三废综合利用工程与工厂建设同时设计、施工、投产。1973年,国务院批准《关于保护和改善环境的若干规定(试行草案)》,首先提出环境保护的工作原则并且要求"一切新建、扩建和改建的企业,它们的污染防治项目,必须和主体工程同时设计、同时施工、同时投产"。同时,国务院颁布《建设项目环境保护管理条例》,再次强调"三同时"制度。为了"三同时"制度的具体落实,原国家计划委员会等在1981年联合颁布了《基本建设项目环境保护管理办法》。其中对"三同时"的内容、审批程序和违反此制度的处罚方式作了具体明确

---

[1] 何香柏:"风险社会背景下环境影响评价制度的反思与变革——以常州外国语学校'毒地'事件为切入点",载《法学评论》2017年第1期。

的规定,还把"三同时"纳入了基本的建设程序。

1989年《环境保护法》明确规定了"三同时"制度,并将"三同时"的适用范围延展到废物回收再利用上。1993年,原国家环保总局下达《关于进一步作好建设项目环境保护管理工作的几点意见》,要求简化审批程序,按照污染程度对建设项目进行分类管理,强化环保设施竣工的验收工作。

随着我国改革开放产生的建设项目多渠道立项、外资企业激增、第三产业迅速崛起以及开发区的建设带来的严峻环境污染情势,原国家环保总局于1994年颁布《建设项目环境保护设施竣工验收管理规定》,把对环保设施的检查监督作为管理工作的重点。自此伊始,全国加大执法力度,以行政部门的定期检查和重点检查相结合的灵活执法方式,对违反"三同时"的单位予以严惩。1996年,原国家环保总局在全国推行建设项目环境保护的台账管理和统计工作,使环境保护的管理逐步纳入规范化的程序。1998年,国务院颁布《建设项目环境保护管理条例》,在原有基础上对竣工验收提出更高要求,同时还对"三同时"制度的范围、内容、实施程序、责任承担和保障措施等等都作了详细规定。2001年,原国家环保总局制定《建设项目竣工环境保护验收管理办法》,明确规定了建设项目竣工环保设施的验收条件。2015年施行的《环境保护法》再次明确了"三同时"制度在我国环境法律体系中的地位。

(二)"三同时"制度在我国立法中的体现

在我国诸多处于不同位阶的法律法规中均有关于"三同时"制度的规范及具体落实办法。

《环境保护法》第41条规定:"建设项目中防治污染的设施,应当与主体工程同时设计、同时施工、同时投产使用。防治污染的设施应当符合经批准的环境影响评价文件的要求,不得擅自拆除或者闲置。"

《劳动法》第 53 条规定："劳动安全卫生设施必须符合国家规定的标准。新建、改建、扩建工程的劳动安全卫生设施必须与主体工程同时设计、同时施工、同时投入生产和使用。"

《安全生产法》第 28 条规定："生产经营单位新建、改建、扩建工程项目（以下统称建设项目）的安全设施，必须与主体工程同时设计、同时施工、同时投入生产和使用。安全设施投资应当纳入建设项目概算。"

《大气污染防治法》第 43 条至第 46 条规定："钢铁、建材、有色金属、石油、化工等企业生产过程中排放粉尘、硫化物和氮氧化物的，应当采用清洁生产工艺，配套建设除尘、脱硫、脱硝等装置，或者采取技术改造等其他控制大气污染物排放的措施。""生产、进口、销售和使用含挥发性有机物的原材料和产品的，其挥发性有机物含量应当符合质量标准或者要求。国家鼓励生产、进口、销售和使用低毒、低挥发性有机溶剂。""产生含挥发性有机物废气的生产和服务活动，应当在密闭空间或者设备中进行，并按照规定安装、使用污染防治设施；无法密闭的，应当采取措施减少废气排放。""工业涂装企业应当使用低挥发性有机物含量的涂料，并建立台账，记录生产原料、辅料的使用量、废弃量、去向以及挥发性有机物含量。台账保存期限不得少于三年。"

《环境噪声污染防治法》第 14 条、第 15 条规定："建设项目的环境噪声污染防治设施必须与主体工程同时设计、同时施工、同时投产使用。建设项目在投入生产或者使用之前，其环境噪声污染防治设施必须按照国家规定的标准和程序进行验收；达不到国家规定要求的，该建设项目不得投入生产或者使用。""产生环境噪声污染的企业事业单位，必须保持防治环境噪声污染的设施的正常使用；拆除或者闲置环境噪声污染防治设施的，必须事先报经所在地的县级以上地方人民政府生态环境主管部门批准。"

《固体废物污染环境防治法》第 36 条、第 38 条规定："产生工业固体废物的单位应当建立健全工业固体废物产生、收集、贮存、运输、利用、处置全过程的污染环境防治责任制度，建立工业固体废物管理台账，如实记录产生工业固体废物的种类、数量、流向、贮存、利用、处置等信息，实现工业固体废物可追溯、可查询，并采取防治工业固体废物污染环境的措施。""产生工业固体废物的单位应当依法实施清洁生产审核，合理选择和利用原材料、能源和其他资源，采用先进的生产工艺和设备，减少工业固体废物的产生量，降低工工业固体废物的危害性。"

《放射性污染防治法》第 19 条至第 21 条规定："核设施营运单位在进行核设施建造、装料、运行、退役等活动前，必须按照国务院有关核设施安全监督管理的规定，申请领取核设施建造、运行许可证和办理装料、退役等审批手续。核设施营运单位领取有关许可证或者批准文件后，方可进行相应的建造、装料、运行、退役等活动。""核设施营运单位应当在申请领取核设施建造、运行许可证和办理退役审批手续前编制环境影响报告书，报国务院环境保护行政主管部门审查批准；未经批准，有关部门不得颁发许可证和办理批准文件。""与核设施相配套的放射性污染防治设施，应当与主体工程同时设计、同时施工、同时投入使用。放射性污染防治设施应当与主体工程同时验收；验收合格的，主体工程方可投入生产或者使用。"

《水污染防治法》第 40 条规定："化学品生产企业以及工业集聚区、矿山开采区、尾矿库、危险废物处置场、垃圾填埋场等的运营、管理单位，应当采取防渗漏等措施，并建设地下水水质监测井进行监测，防止地下水污染。加油站等的地下油罐应当使用双层罐或者采取建造防渗池等其他有效措施，并进行防渗漏监测，防止地下水污染。禁止利用无防渗漏措施的沟渠、坑塘等输送或者存贮含有毒污染物的废水、含病原体的污水和其他废弃物。"第45条规定："排放工业废水的企业应当采取有效措施，收集和处理产生的全部废水，防止污染环境。含有毒有害水污染物的工业废水应当分类收集和处理，不得稀释排放。工业集聚区应当配套建设相应的污水集中处理设施，安装自动监测设备，与环境保护主管部门的监控设备联网，并保证监测设备正常运行。向污水集中处理设施排放工业废水的，应当按照国家有关规定进行预处理，达到集中处理设施处理工艺要求后方可排放。"

《海洋环境保护法》第42条至第44条规定："新建、改建、扩建海岸工程建设项目，必须遵守国家有关建设项目环境保护管理的规定，并把防治污染所需资金纳入建设项目投资计划。在依法划定的海洋自然保护区、海滨风景名胜区、重要渔业水域及其他需要特别保护的区域，不得从事污染环境、破坏景观的海岸工程项目建设或者其他活动。""海岸工程建设项目单位，必须对海洋环境进行科学调查，根据自然条件和社会条件，合理选址，编制环境影响报告书（表）。在建设项目开工前，将环境影响报告书（表）报环境保护行政主管部门审查批准。环境保护行政主管部门在批准环境影响报告书（表）之前，必须征求海洋、海事、渔业行政主管部门和军队环境保护部门的意见。""海岸工程建设项目的环境保护设施，必须与主体工程同时设计、同时施工、同时投产使用。环境保护设施应当符合经批准的环境影响评价报告书（表）的要求。"

《职业病防治法》第17条规定:"新建、扩建、改建建设项目和技术改造、技术引进项目(以下统称建设项目)可能产生职业病危害的,建设单位在可行性论证阶段应当进行职业病危害预评价。医疗机构建设项目可能产生放射性职业病危害的,建设单位应当向卫生行政部门提交放射性职业病危害预评价报告。卫生行政部门应当自收到预评价报告之日起三十日内,作出审核决定并书面通知建设单位。未提交预评价报告或者预评价报告未经卫生行政部门审核同意的,不得开工建设。职业病危害预评价报告应当对建设项目可能产生的职业病危害因素及其对工作场所和劳动者健康的影响作出评价,确定危害类别和职业病防护措施。建设项目职业病危害分类管理办法由国务院卫生行政部门制定。"第18条规定:"建设项目的职业病防护设施所需费用应当纳入建设项目工程预算,并与主体工程同时设计,同时施工,同时投入生产和使用。建设项目的职业病防护设施设计应当符合国家职业卫生标准和卫生要求;其中,医疗机构放射性职业病危害严重的建设项目的防护设施设计,应当经卫生行政部门审查同意后,方可施工。建设项目在竣工验收前,建设单位应当进行职业病危害控制效果评价。医疗机构可能产生放射性职业病危害的建设项目竣工验收时,其放射性职业病防护设施经卫生行政部门验收合格后,方可投入使用;其他建设项目的职业病防护设施应当由建设单位负责依法组织验收,验收合格后,方可投入生产和使用。卫生行政部门应当加强对建设单位组织的验收活动和验收结果的监督核查。"

《建设项目环境保护管理条例》第15条规定:"建设项目需要配套建设的环境保护设施,必须与主体工程同时设计、同时施工、同时投产使用。"第16条第1款规定:"建设项目的初步设计,应当按照环境保护设计规范的要求,编制环境保护篇章,落实防治环境污染和生态破坏的措施以及环境保护设施投资概算。"第17条第1款规定："编制环境影响报告书、环境影响报告表的建设项目竣工后，建设单位应当按照国务院环境保护行政主管部门规定的标准和程序，对配套建设的环境保护设施进行验收，编制验收报告。"第18条规定："分期建设、分期投入生产或者使用的建设项目，其相应的环境保护设施应当分期验收。"第19条第1款规定："编制环境影响报告书、环境影响报告表的建设项目，其配套建设的环境保护设施经验收合格，方可投入生产或者使用；未经验收或者验收不合格的，不得投入生产或者使用。"

《建设项目竣工环境保护验收管理办法》第16条规定："建设项目竣工环境保护验收条件是：（一）建设前期环境保护审查、审批手续完备，技术资料与环境保护档案资料齐全；（二）环境保护设施及其他措施等已按批准的环境影响报告书（表）或者环境影响登记表和设计文件的要求建成或者落实，环境保护设施经负荷试车检测合格，其防治污染能力适应主体工程的需要；（三）环境保护设施安装质量符合国家和有关部门颁发的专业工程验收规范、规程和检验评定标准；（四）具备环境保护设施正常运转的条件，包括：经培训合格的操作人员、健全的岗位操作规程及相应的规章制度，原料、动力供应落实，符合交付使用的其他要求；（五）污染物排放符合环境影响报告书（表）或者环境影响登记表和设计文件中提出的标准及核定的污染物排放总量控制指标的要求；（六）各项生态保护措施按环境影响报告书（表）规定的要求落实，建设项目建设过程中受到破坏并可恢复的环境已按规定采取了恢复措施；（七）环境监测项目、点位、机构设置及人员配备，符合环境影响报告书（表）和有关规定的要求；（八）环境影响报告书（表）提出需对环境保护敏感点进行环境影响验证，对清洁生产进行指标考核，对施工期环境保护措施落实情况进行工程环境监理的，已按规定要求完成；（九）环境影响报告书（表）要求建设单位采取措施削减其他设施污染物排放，或要求建设项目所在地地方政府或者有关部门采取'区域削减'措施满足污染物排放总量控制要求的，其相应措施得到落实。"第17条规定："对符合第十六条规定的验收条件的建设项目，环境保护行政主管部门批准建设项目竣工环境保护验收申请报告、建设项目竣工环境保护验收申请表或建设项目竣工环境保护验收登记卡。对填报建设项目竣工环境保护验收登记卡的建设项目，环境保护行政主管部门经过核查后，可直接在环境保护验收登记卡上签署验收意见，作出批准决定。建设项目竣工环境保护验收申请报告、建设项目竣工环境保护验收申请表或者建设项目竣工环境保护验收登记卡未经批准的建设项目，不得正式投入生产或者使用。"

"三同时"制度设计的初衷是在污染物质排入环境之前必须进行治理，符合总量控制和达标排放的要求。它在建设项目的初步设计阶段开始介入，贯穿于建设项目的运行和管理全过程，但它强调的是建设项目建成之后且污染物排入到环境之前这个过程中必须采取的措施，从而达到最终的排放标准；但是生产过程中的清洁生产和综合利用问题在"三同时"制度中没有具体的规范。

（三）"三同时"制度在环境行政处罚案件中的适用困惑

由于违反"三同时"制度的法律规范在我国环境污染防治法律法规中往往都有所涉及，实践中，环保部门在这些法律规范中又是如何适用法律的呢？苏州大学的朱谦教授选取环保部门从2010年到2014年之间对于违反"三同时"制度的行政处罚案件的法律适用案例，通过数据分析发现，对于违反"三同时"制度的行政处罚案件绝大多数是适用了《建设项目环境保护管理条例》第 28 条进行处罚,而其他综合以及单行的法律法规被闲置。[1]环保部门的执法实践活动给相关法律法规的适用带来一定的困惑,仅仅适用《建设项目环境保护管理条例》而没有考虑到对此问题的规范在各单行污染防治法中都有具体的规定,会导致其法律适用的偏差。

从法律适用规则来看,环保部门在实施行政处罚时,选择适用行政法规条款也是无可厚非的。因为,基于法制统一性的考虑,法律、行政法规本应该是一体化的,行政法规是对环境法律规范的进一步落实。从理论上来说,对于同一个环境违法行为,适用上位法的环境法律,与适用下位法的行政法规,其法律后果应该是相同的。但是,这种理想的立法和法律适用状态在实践中往往难以实现。例如,《水污染防治法》规定,建设项目的水污染防治设施未建成、未经验收或者验收不合格,主体工程即投入生产或者使用的,由县级以上人民政府环保部门责令停止生产或者使用,直至验收合格,处 5 万元以上 50 万元以下的罚款。而《建设项目环境保护管理条例》规定,违反本条例规定,建设项目需要配套建设的环境保护设施未建成、未经验收或者经验收不合格,主体工程正式投入生产或者使用的,由审批该建设项目环境影响报告书、环境影响报告表或者环境影响登记表的环境保护行政主管部门责令停止生产或者使用,可以处 10 万元以下的罚款。通过两个条文的比较可以看出在罚款额度上存在较大的差异。

对此种法律适用冲突现象,原国家环保部将《建设项目竣工环境保护验收管理办法》进行了修改,违反本办法规定,建

---

〔1〕 朱谦:"困境与出路:环境法中'三同时'条款如何适用?——基于环保部近年来实施行政处罚案件的思考",载《法治研究》2014 年第 11 期。

设项目需要配套建设的环境保护设施未建成,未经建设项目竣工环境保护验收或者验收不合格,主体工程正式投入生产或者使用的,由有审批权的环境保护行政主管部门依照《建设项目环境保护管理条例》第 28 条的规定予以处罚。将违反"三同时"制度的行为的法律规制的法律规范引向各个单行的环境污染防治法律条款,而并非仅仅局限于《建设项目环境保护管理条例》的第 28 条。但是在实践中,各地环保部门并没有将环保部的精神落实下去,仍然是简单地适用《建设项目环境保护管理条例》进行处罚。

原国家环保部修正的《建设项目竣工环境保护验收管理办法》的规定说明了这些与"三同时"制度相关的法律条款有必要同时存在并选择适用。也就是说,适用《水污染防治法》等法律条款时,并非否定《建设项目环境保护管理条例》第 28 条的存在。建设项目的环境保护设施形式多样,现有的几部单行污染防治法律往往难以全面覆盖,如果存在某些环保设施难以归入上位法律之中时,则《建设项目环境保护管理条例》第 28 条可能起到弥补作用。

第二节　环境行政许可领域的企业环境责任

一、环境行政许可的类别

环境行政许可是指有关行政机关根据公民、法人或者其他组织的申请,基于环境保护之目的进行依法审查后,准予其从事特定活动的行为。具体的环境行政许可项目通常由单行环境法律、法规设定。《行政许可法》规定,只有法律、行政法规和国务院决定可以设定行政许可项目。目前,我国共设定环境行政许可项目 500 余项,其中包括污染防治类许可、自然资源保护类许可、特殊区域环境保护类许可、动物福利类许可、城乡景观美化类许可、物质循环管理类许可、能源类许可、为环境保护提供社会化服务的专业机构、专业人员资格、资质类许可。

(一) 污染防治类许可

这类许可共有 100 余项，由以下 10 个小类的许可构成：

(1) 综合性污染防治类许可。这类许可不针对单一污染因子或单一环境因子，而是从总体上预防开发活动的污染，如建设项目环评审批、建设项目环保验收、拆除或闲置污染防治设施许可等。此外，进出口商品法定检验、重要工业产品生产许可、设立中外合资、合作或外资企业审批[1]等许可项目，虽然其立法目的不完全是预防环境污染，但含有预防污染之目的，也属于这类许可的范畴。这类许可主要由《环境保护法》《环境影响评价法》《进出口商品检验法》《工业产品生产许可证管理条例》等法律法规设定。

(2) 水污染防治类许可。这类许可由《水污染防治法》设定。《水污染防治法》第 19 条规定："新建、改建、扩建直接或者间接向水体排放污染物的建设项目和其他水上设施，应当依法进行环境影响评价。建设单位在江河、湖泊新建、改建、扩建排污口的，应当取得水行政主管部门或者流域管理机构同意；涉及通航、渔业水域的，环境保护主管部门在审批环境影响评价文件时，应当征求交通、渔业主管部门的意见。建设项目的水污染防治设施，应当与主体工程同时设计、同时施工、同时

---

[1] 《中外合资经营企业法实施条例》第 4 条规定："申请设立合营企业，有造成环境污染的情况的，不予批准。"《中外合作经营企业法实施细则》第 9 条规定："申请设立合作企业，有对环境造成污染损害的情形的，不予批准。"《外资企业法实施细则》第 5 条规定，申请设立外资企业，有可能造成环境污染的情况的，不予批准。

投入使用。水污染防治设施应当符合经批准或者备案的环境影响评价文件的要求。"第 21 条第 1 款规定:"直接或者间接向水体排放工业废水和医疗污水以及其他按照规定应当取得排污许可证方可排放的废水、污水的企业事业单位和其他生产经营者,应当取得排污许可证;城镇污水集中处理设施的运营单位,也应当取得排污许可证。排污许可证应当明确排放水污染物的种类、浓度、总量和排放去向等要求。排污许可的具体办法由国务院规定。"《水污染防治法实施细则》第 37 条规定,人工回灌补给地下饮用水的水质,应当符合生活饮用水水源的水质标准,并经县级以上地方人民政府卫生行政主管部门批准。

(3) 海洋污染防治类许可。这类许可主要是防范海洋工程、海岸工程的污染以及向海洋倾倒废弃物所产生的污染,如海岸工程建设项目试运行许可、海洋工程污染物排放种类与数量核定、海洋倾废许可等。这类许可主要由《海洋环境保护法》《防治海洋工程建设项目污染损害海洋环境管理条例》《防治海岸工程建设项目污染损害海洋环境管理条例》《防治陆源污染物污染损害海洋环境管理条例》等法律文件设定。例如,《海洋环境保护法》第 39 条规定:"禁止经中华人民共和国内水、领海转移危险废物。经中华人民共和国管辖的其他海域转移危险废物的,必须事先取得国务院环境保护行政主管部门的书面同意。"第 55 条第 1 款、第 2 款规定:"任何单位未经国家海洋行政主管部门批准,不得向中华人民共和国管辖海域倾倒任何废弃物。需要倾倒废弃物的单位,必须向国家海洋行政主管部门提出书面申请,经国家海洋行政主管部门审查批准,发给许可证后,方可倾倒。"

(4) 船舶污染防治类许可。这类许可专门针对船舶而设定,兼具水污染防治与海洋污染防治之目的。这类许可主要存在于

第四章 我国当代企业环境责任制度的评析

船舶检验、[1]船舶作业、船舶载运危害性货物、船舶拆解、航运公司防污染能力建设等领域,如中国籍船舶建造检验与初次检验、航运公司防污染能力符合证明核发、船舶进行可能污染水环境的三类活动许可等。这类许可主要由《水污染防治法实施细则》《船舶和海上设施检验条例》《防治船舶污染海洋环境管理条例》等法律法规设定。例如,《水污染防治法实施细则》第28条规定:"在港口的船舶进行下列作业,必须事先向海事管理机构提出申请,经批准后,在指定的区域内进行:(一)冲洗载运有毒货物、有粉尘的散装货物的船舶甲板和舱室;(二)排放压舱、洗舱和机舱污水以及其他残余物质;(三)使用化学消油剂。《防治船舶污染海洋环境管理条例》第13条第1款规定:"港口、码头、装卸站以及从事船舶修造、打捞、拆解等作业活动的单位应当制定有关安全营运和防治污染的管理制度,按照国家有关防治船舶及其有关作业活动污染海洋环境的规范和标准,配备相应的防治污染设备和器材。"

(5)噪声污染防治类许可。即城市范围内排放偶发性强烈噪声许可(公安机关审批)和民用航空器噪声合格证(民航总局审批),分别由《环境噪声污染防治法》《国务院对确需保留的行政审批项目设定行政许可的决定》设定。例如,《环境噪声污染防治法》第15条规定:"产生环境噪声污染的企业事业单位,必须保持防治环境噪声污染的设施的正常使用;拆除或者闲置环境噪声污染防治设施的,必须事先报经所在地的县级以上地方人民政府生态环境主管部门批准。"第43条规定:"新建营业性文化娱乐场所的边界噪声必须符合国家规定的环境噪声

---

[1] 按照《行政许可法》第12条第(四)项、第39条第2款和第62条之规定,对设备、设施的首次检验属于行政许可,而首次检验之后的定期检验属于许可后续监管的范畴。

排放标准；不符合国家规定的环境噪声排放标准的，文化行政主管部门不得核发文化经营许可证，市场监督管理部门不得核发营业执照。经营中的文化娱乐场所，其经营管理者必须采取有效措施，使其边界噪声不超过国家规定的环境噪声排放标准。"

（6）大气污染防治类许可。这类许可由《大气污染防治法》《消耗臭氧层物质管理条例》等法律法规设定，如主要大气污染物排放许可、消耗臭氧层物质进出口许可、京都议定书清洁发展机制合作项目审批等。例如，《大气污染防治法》第19条规定："排放工业废气或者本法第七十八条规定名录中所列有毒有害大气污染物的企业事业单位、集中供热设施的燃煤热源生产运营单位以及其他依法实行排污许可管理的单位，应当取得排污许可证。排污许可的具体办法和实施步骤由国务院规定。"《消耗臭氧层物质管理条例》第10条中规定，消耗臭氧层物质的生产、使用单位，应当依照本条例的规定申请领取生产或者使用配额许可证。第22条第1款规定，国家对进出口消耗臭氧层物质予以控制，并实行名录管理。第24条第1款规定，取得消耗臭氧层物质进出口审批单的单位，应当按照国务院商务主管部门的规定申请领取进出口许可证，持进出口许可证向海关办理通关手续。

（7）固体废物污染防治类许可。这类许可主要是对固体废物（含危险废物、医疗废物、生活垃圾）的处置、转移、进口等行为进行管制，如固体废物进口许可、医疗废物水路运输许可、危险废物经营许可等。这类许可主要由《固体废物污染环境防治法》《危险废物经营许可证管理办法》《医疗废物管理条例》等法律法规设定。例如，《固体废物污染环境防治法》第22条第1款规定："转移固体废物出省、自治区、直辖市行政区域贮存、处置的，应当向固体废物移出地的省、自治区、直辖市人民政府生态环境主管部门提出申请。移出地的省、自治区、直辖市人民政府生态环境主管部门应当商经接受地的省、自治区、直辖市人民政府生态环境主管部门同意后，在规定期限内批准转移该固体废物出省、自治区、直辖市行政区域。未经批准的，不得转移。"《危险废物经营许可证管理办法》第3条规定："危险废物经营许可证按照经营方式，分为危险废物收集、贮存、处置综合经营许可证和危险废物收集经营许可证。领取危险废物综合经营许可证的单位，可以从事各类别危险废物的收集、贮存、处置经营活动；领取危险废物收集经营许可证的单位，只能从事机动车维修活动中产生的废矿物油和居民日常生活中产生的废镉镍电池的危险废物收集经营活动。"《医疗废物管理条例》第22条规定："从事医疗废物集中处置活动的单位，应当向县级以上人民政府环境保护行政主管部门申请领取经营许可证；未取得经营许可证的单位，不得从事有关医疗废物集中处置的活动。"

（8）放射性污染防治类许可。这类许可是对核设施建造与运行、核安全设备制造与无损检验、持有核材料、核事故应急、放射性同位素管理、放射性废物排放、放射性固体废物贮存与处置、放射性物品运输、放射性药品使用等活动进行管制，如核设施建造与运行许可、持有核材料许可、放射性物品道路运输通行许可、排放放射性废气审批等。其中大多数许可项目由国家核安全局行使审批权。这类许可主要由《放射性污染防治法》《民用核安全设备监督管理条例》《核材料管理条例》《民用核设施安全监督管理条例》《放射性废物安全管理条例》等法律法规设定。例如，《放射性污染防治法》第19条第1款规定："核设施营运单位在进行核设施建造、装料、运行、退役等活动前，必须按照国务院有关核设施安全监督管理的规定，申请领取核设施建造、运行许可证和办理装料、退役等审批手续。"《民用核设施安全监督管理条例》第8条规定："国家实行核设施安全许可制度，由国家核安全局负责制定和批准颁发核设施安全许可证，许可证件包括：（一）核设施建造许可证；（二）核设施运行许可证；（三）核设施操纵员执照；（四）其他需要批准的文件。《放射性废物安全管理条例》第23条规定："专门从事放射性固体废物处置活动的单位，应当符合下列条件，并依照本条例的规定申请领取放射性固体废物处置许可证：（一）有国有或者国有控股的企业法人资格。（二）有能保证处置设施安全运行的组织机构和专业技术人员。……（三）有符合国家有关放射性污染防治标准和国务院环境保护主管部门规定的放射性固体废物接收、处置设施和场所，以及放射性检测、辐射防护与环境监测设备。……（四）有相应数额的注册资金。……（五）有能保证其处置活动持续进行直至安全监护期满的财务担保。（六）有健全的管理制度以及符合核安全监督管理要求的质量保证体系，……"

（9）化学品污染防治类许可。我国将化学品分为危险化学品、监控化学品、易制毒化学品三类，实施分类管理。其中，对危险化学品、监控化学品的管理具有环境保护之目的。[1]这类许可主要是对危险化学品、监控化学品的生产、储存、经营、使用、运输、进出口等行为进行管制。这类许可由《危险化学品安全管理条例》《监控化学品管理条例》等法律法规设定。例如，《危险化学品安全管理条例》第14条第1款、第2款规定："危险化学品生产企业进行生产前，应当依照《安全生产许可证条例》的规定，取得危险化学品安全生产许可证。生产列入国

---

[1]《易制毒化学品管理条例》第1条规定："为了加强易制毒化学品管理，规范易制毒化学品的生产、经营、购买、运输和进口、出口行为，防止易制毒化学品被用于制造毒品，维护经济和社会秩序，制定本条例。"

家实行生产许可证制度的工业产品目录的危险化学品的企业,应当依照《工业产品生产许可证管理条例》的规定,取得工业产品生产许可证。"第18条第1款、第2款规定:"生产列入国家实行生产许可证制度的工业产品目录的危险化学品包装物、容器的企业,应当依照《中华人民共和国工业产品生产许可证管理条例》的规定,取得工业产品生产许可证;其生产的危险化学品包装物、容器经国务院质检部门认定的检验机构检验合格,方可出厂销售。运输危险化学品的船舶及其配载的容器,应当按照国家船舶检验规范进行生产,并经海事机构认定的船舶检验机构检验合格,方可投入使用。"《监控化学品管理条例》第7条规定:"国家对第二类、第三类监控化学品和第四类监控化学品中含磷、硫、氟的特定有机化学品的生产实行特别许可制度;未经特别许可的,任何单位和个人均不得生产。特别许可办法,由国务院化学工业主管部门规定。"

(二) 自然资源保护类许可

在各类环境行政许可中,自然资源保护类许可的数量最多,共185项,由10个小类的许可构成:

(1) 综合性自然资源保护类许可。这类许可不针对某种具体的自然资源,而是对自然资源进行概括性保护。这类许可由《对外贸易法》《专属经济区和大陆架法》《大中型水利水电工程建设征地补偿和移民安置条例》《政府核准的投资项目目录》等法律文件设定,共有5项:境外资源开发类项目核准;外国组织、个人对我国专属经济区、大陆架的自然资源进行勘查、开发或在大陆架上进行钻探活动许可;大中型水利水电工程移民安置规划大纲与移民安置规划审批;[1]进出口"限制进出口的货

---

[1]《大中型水利水电工程建设征地补偿和移民安置条例》第11条规定:"编制移民安置规划应当以资源环境承载能力为基础……"

物、技术"许可;从事"受限制的国际服务贸易"许可。[1]其中,后两项许可系我国政府为因应 WTO 的"一般例外规则",于《对外贸易法》中设定。例如,《对外贸易法》第 19 条规定:"国家对限制进口或者出口的货物,实行配额、许可证等方式管理;对限制进口或者出口的技术,实行许可证管理。实行配额、许可证管理的货物、技术,应当按照国务院规定经国务院对外贸易主管部门或者经其会同国务院其他有关部门许可,方可进口或者出口。国家对部分进口货物可以实行关税配额管理。"

(2) 矿产资源保护类许可。这类许可主要是对矿产资源的勘查、开采、利用、出口等行为进行管制,以保护矿产资源,如矿产资源勘查许可、采矿许可、划定矿区范围审批、设立矿山企业审批、钨锑生产企业出口供货资格审批等。这类许可主要由《矿产资源法》《煤炭法》《矿产资源法实施细则》《矿产资源勘查区块登记管理办法》《矿产资源开采登记管理办法》等法律文件设定。

(3) 水资源保护类许可。这类许可主要是对取水、城市供水、水工程建设、水文活动等进行管制,以实现节约用水、保护水资源之目的,如取水许可、取水权转让审批、建设项目水资源论证报告书审批、城市供水项目核准等。这类许可主要由《水法》《取水许可证和水资源费征收管理条例》《城市供水条例》《水文条例》等法律法规设定。

(4) 海域资源保护类许可。这类许可由《海域使用管理法》和《铺设海底电缆管道管理规定》设定,目的是对海域的使用进行管制,如海域使用许可、海底电缆与管道路由审

---

[1] 曹建明、贺小勇:《世界贸易组织》,法律出版社 2004 年版。

批等。

（5）野生动植物保护类许可。这类许可主要对两类行为进行管制：一是野生动物的捕猎、驯养繁殖、出售、收购、利用、进出口等行为；二是野生植物的采集、出售、收购、进出口等行为。这类许可主要由《野生动物保护法》《陆生野生动物保护实施条例》《水生野生动物保护实施条例》《野生植物保护条例》等法律法规设定。

（6）土地资源保护类许可。这类许可对土地开发利用、水土保持、沙化土地治理三种活动进行管制，由《土地管理法》《水土保持法》《防沙治沙法》《土地复垦条例》等法律文件设定。

（7）草原资源保护类许可。这类许可由《草原法》和《草原防火条例》设定，主要是对草原占用、草品种推广、草原上开展旅游与作业、草原承包经营等活动进行管制，如占用草原审批、从境外引进草种审批、开展草原经营性旅游活动审批等。

（8）农林资源保护类许可。这类许可涉及森林保护、退耕还林、种子管理三个领域，由《森林法》《种子法》《退耕还林条例》等法律法规设定。

（9）渔业资源保护类许可。这类许可涉及渔业水域使用权管理、渔业捕捞管理、水产品种与苗种管理、渔港水域内作业管理四个领域，由《渔业法》《渔业法实施细则》《航道管理条例》等法律法规设定。

（10）生物安全保障类许可。这类许可涉及7个领域：转基因生物安全，如农业转基因生物安全证书核发、开展林木转基因工程活动审批等；进出境动植物检疫，如输入动植物检疫、动物过境许可、实验动物出口许可等；防范外来物种入侵，如引进陆生野生动物外来物种审批、从国外引进水生野生动物许可等；种子安全，如主要农作物品种和主要林木品种推广前审定、种子生产经营许可等；农药安全，如农药登记审批、农药生产许可等；防范病原微生物实验活动所产生的风险，如从事高致病性病原微生物实验活动资格许可、运输高致病性病原微生物菌（毒）种许可；防治森林、植物病虫害，如植物调运前检疫；防范生物武器制造，如出口生物两用品及相关设备、技术许可。这类许可主要由《进出境动植物检疫法》《种子法》《农药管理条例》《农业转基因生物安全管理条例》《陆生野生动物保护实施条例》《水生野生动物保护实施条例》《病原微生物实验室生物安全管理条例》等法律法规设定。

（三）特殊区域环境保护类许可

这类许可共 45 项，由 11 个小类的许可构成：

（1）风景名胜区保护类许可。这类许可由《风景名胜区条例》设定，目的是对风景名胜区内的开发、建设、游乐、服务等活动进行管制。

（2）自然保护区保护类许可。这类许可由《自然保护区条例》和《森林和野生动物类型自然保护区管理办法》设定，主要是对自然保护区内的科学研究、修筑设施等活动以及自然保护区的涉外活动进行管制，如进入自然保护区核心区从事科学研究活动许可、与国外签署涉及森林和野生动物类型自然保护区的协议审批等。

（3）野生药材资源保护区保护类许可。这类许可只有一项，即《野生药材资源保护管理条例》设定的"进入野生药材资源保护区从事科研、教学、旅游等活动许可"。

（4）森林公园保护类许可。这类许可只有一项，即《国务院对确需保留的行政审批项目设定行政许可的决定》设定的"国家级森林公园设立、撤销、合并、改变经营范围或变更隶属关系审批"。

(5) 不可移动文物保护类许可。文物分为可移动文物和不可移动文物。前者是指出土文物、馆藏文物，后者包括古文化遗址、古墓葬、古建筑、石窟寺、石刻、壁画、近代现代重要史迹和代表性建筑等。其中，不可移动文物以人文遗迹为表现形式，属于环境保护的范畴，而可移动文物的保护（如馆藏文物的保护以及文物进出境的管理等），则属于文化保护的范畴，不属于环境保护的范畴。[1]按照《文物保护法》的规定，不可移动文物根据它们的历史、艺术、科学价值，可分别确定为全国重点文物保护单位、省级文物保护单位和市、县级文物保护单位。这类许可主要是对考古发掘、文物保护单位保护范围内的工程建设、拍摄文物保护单位、迁移或拆除文物保护单位等活动进行管制，由《文物保护法》《水下文物保护管理条例》《考古涉外工作管理办法》等法律文件设定。

(6) 历史文化名城、名镇、名村保护类许可。[2]这类许可由《历史文化名城名镇名村保护条例》设定，主要是对历史文化名城、名镇、名村保护范围内的工程建设、影视摄制等活动以及迁移、拆除、修缮历史建筑[3]等活动进行管制。

---

[1]《环境保护法》第2条规定："本法所称环境，是指影响人类生存和发展的各种天然的和经过人工改造的自然因素的总体，包括大气、水、海洋、土地、矿藏、森林、草原、野生生物、自然遗迹、人文遗迹、自然保护区、风景名胜区、城市和乡村等。"

[2]《历史文化名城名镇名村保护条例》第9条规定："申报历史文化名城，由省、自治区、直辖市人民政府提出申请，经国务院建设主管部门会同国务院文物主管部门组织有关部门、专家进行论证，提出审查意见，报国务院批准公布。申报历史文化名镇、名村，由所在地县级人民政府提出申请，经省、自治区、直辖市人民政府确定的保护主管部门会同同级文物主管部门组织有关部门、专家进行论证，提出审查意见，报省、自治区、直辖市人民政府批准公布。"

[3]《历史文化名城名镇名村保护条例》第47条规定："……历史建筑，是指经城市、县人民政府确定公布的具有一定保护价值，能够反映历史风貌和地方特色，未公布为文物保护单位，也未登记为不可移动文物的建筑物、构筑物。……"

(7) 古生物化石分布区保护类许可。按照《环境保护法》的规定，化石分布区是一种自然遗迹，属于环境保护的范畴。[1]这类许可只有一项，即《古生物化石保护条例》设定的"古生物化石发掘许可"。

(8) 河流与湖泊保护类许可。这类许可主要是对河道、湖泊管理范围内的开发、建设、采砂等活动进行管制，如围垦河道许可、河道管理范围内的建设项目审批、河道采砂许可等。这类许可由《水法》《河道管理条例》《太湖流域管理条例》《防汛条例》等法律法规设定。

(9) 海岛保护类许可。这类许可由《海岛保护法》设定，目的是对海岛的开发、利用进行管制，以保护海岛生态，如无居民海岛开发利用审批、在无居民海岛采集生物和非生物样本许可等。

(10) 南北极保护类许可。这类许可只有一项，即《国务院对确需保留的行政审批项目设定行政许可的决定》设定的"南、北极考察活动审批"。

(11) 多种特殊区域保护类许可。这类许可保护两种以上的特殊区域，是一种综合性许可。目前这类许可只有一项，即《政府核准的投资项目目录（2016年本）》设定的"国家重点风景名胜区、国家自然保护区、世界自然文化遗产保护区、国家重点文物保护单位区域内的旅游开发和资源保护项目核准"。

(四) 城乡景观美化类许可

这类许可共 25 项，由 3 个小类的许可构成：

(1) 城乡绿化类许可。这类许可由《城市绿化条例》《公路

---

[1]《环境保护法》第 17 条规定了具有重大科学文化价值的地质构造、著名溶洞和化石分布区、冰川、火山、温泉等属于自然遗迹，属于环境保护的范畴。

安全保护条例》等法律文件设定，如建设项目附属绿化工程设计方案审批、采伐公路护路林审批等。

（2）城市环境美化与整洁类许可。这类许可的目的在于美化市容以及保持城市环境清洁、卫生，如大型户外广告设置许可、市区内饲养畜禽许可、占用挖掘城市道路许可等。这类许可由《城市市容和环境卫生管理条例》《城市道路管理条例》等法律、法规设定。

（3）城乡规划类许可。这类许可的目的在于实施城乡规划，以美化城乡景观。这类许可由《城乡规划法》和《国务院对确需保留的行政审批项目设定行政许可的决定》设定，如建设项目选址意见书审批、建设工程规划许可等。

（五）物质循环管理类许可

这类许可只有4项，即：废弃电器电子产品处理企业资格许可；设立废弃电器电子产品集中处理场；加工利用国家限制进口、可用作原料的废电器定点企业认定；碱厂综合利用资源加工制盐许可。其中，前三项许可主要是从污染防治的角度来管理物质循环。[1]这类许可由《废弃电器电子产品回收处理管理条例》《国务院对确需保留的行政审批项目设定行政许可的决定》《盐业管理条例》设定。

（六）能源类许可

这类许可共29项，由4个小类的许可构成：

（1）节约能源类许可。如固定资产投资项目节能审查、高耗能特种设备设计文件鉴定等。这类许可由《节约能源法》《公

---

[1]《循环经济促进法》第4条规定："发展循环经济应当在技术可行、经济合理和有利于节约资源、保护环境的前提下，按照减量化优先的原则实施。在废物再利用和资源化过程中，应当保障生产安全，保证产品质量符合国家规定的标准，并防止产生再次污染。"

共机构节能条例》《民用建筑节能条例》《特种设备安全监察条例》等法律法规设定。

（2）能源开发类许可。这类许可由《政府核准的投资项目目录（2016年本）》设定，主要是对电站项目、生物能源项目的立项进行审批，如火电站项目核准、变性燃料乙醇生产项目核准。

（3）和平利用核能类许可。这类许可具有明显的国际性，由《核出口管制条例》和《核两用品及相关技术出口管制条例》设定，如出口《核出口管制清单》所列物项及相关技术许可、向第三方转让中国供应的核两用品及相关技术许可。

（4）能源供应与储备类许可。这类许可主要是对电力、煤炭、天然气、石油成品等的供应与储备进行管制，如输油管网项目核准、煤炭经营许可、供电类电力业务许可等。这类许可由《电力法》《煤炭法》《电力监管条例》《城镇燃气管理条例》等法律文件设定。

（七）环境保护专业机构和专业人员资格、资质类许可

这类许可共72项，由6个小类的许可构成：

（1）为污染防治提供社会化服务的专业机构和专业人员资格、资质许可。这类许可主要存在于环境影响评价、环保设施运营、海洋污染防治、核污染防治、危险货物运输、船员管理、防范自然灾害引发污染等领域，如环评机构资质审批、环境保护设施运营单位资质认定、船员注册、核设施操纵员执照审批等。这类许可由与污染防治相关的法律法规设定。

（2）为自然资源保护提供社会化服务的专业机构和专业人员资格、资质许可。这类许可主要存在于矿产资源开发、野生动物保护、土地管理、水资源保护、进出境动植物检疫等领域，如地质勘查单位资质审批、煤矿矿长资格证书审批、土地调查单

位资格审批等。这类许可由与自然资源保护相关的法律法规设定。

（3）为特殊区域环境保护提供社会化服务的专业机构和专业人员资格、资质许可。这类许可由《文物保护法》及其实施条例设定，存在于文物保护工程建设和考古发掘领域，如考古发掘领队资格许可、文物保护工程资质证书审批。

（4）为城乡景观美化提供社会化服务的专业机构和专业人员资格、资质许可。这类许可由《城乡规划法》和《国务院对确需保留的行政审批项目设定行政许可的决定》设定，存在于城乡规划管理、市容环境卫生管理两个领域，如规划师执业资格注册；从事城市生活垃圾经营性清扫、收集、运输服务资格审批等。

（5）为能源节约与利用提供社会化服务的专业机构和专业人员资格、资质许可。这类许可存在于特种设备管理、电力管理、核能和平利用等领域，如特种设备检验检测机构资格认定、承装（修）电力设施的单位及电工资格许可等。这类许可由《特种设备安全监察条例》《电力供应与使用条例》和《核两用品及相关技术出口管制条例》设定。

二、企业排污许可制度

排污许可证是环保主管部门依法发放给排污单位的法律文书，主要规范和限制排污行为，明确环境管理要求，环保主管部门依据排污许可证对排污单位实施环境监管执法。排污许可证制度与环境影响评价制度一样，是污染源管理的核心制度之一。排污许可是环境许可中一项点源排放管理的核心工具，是依据环境保护法对企业的排放行为和政府对企业的监督做出规定，通过许可证法律文书加以载明的制度。建立排污许可制度是实现面向环境质量的环境管理转型、建立规范严格的企业环境执法体系的基础和关键。[1]

(一) 我国企业排污许可制度的立法历程

我国建立排污许可制度的历史可以追溯到20世纪80年代。1988年,原国家环保局制定《水污染物排放许可证管理暂行办法》,并下达了排污许可证试点工作通知。1989年,原国家环保局又下发《排放大气污染物许可证制度试点工作方案》,分两批组织23个环境保护重点城市及部分省辖市环保局开展试点工作,随后将实施排污许可制度写进了《大气污染防治法》《水污染防治法》和《环境保护法》中。1996年5月,第八届全国人大常委会第十九次会议正式通过《水污染防治法》(1996修正)。虽然该法没有明确注明"建立水污染物排放许可制度",但全国人大在法律层级实质上认可了污染物排放的许可制度。

2000年3月,国务院在《水污染防治法实施细则》中再次原则性地规定了排污许可制度。2000年4月,全国人大常委会对《大气污染防治法》进行修订,其中第15条也原则性规定了大气污染物排放许可制度。为了推进水污染排放许可证制度的发展,原国家环保总局于2001年7月发布《淮河和太湖流域排放重点水污染物许可证管理办法(试行)》,对水污染物排放许可证制度作出了较为具体的规定,明确了重点水污染物排放不得超过水污染物排放标准和总量控制指标的"双达标"要求,并详细列出了申请排污许可所需的条件和材料,规定了环保部门的审查和监督职责以及对违反规定的处罚。

2003年,全国人大常委会通过的《行政许可法》正式确立了行政许可制度。原国家环保总局于2004年6月发布《环境保护行政许可听证暂行办法》,对环境行政许可制度作出了程序上

---

[1] 王金南等:"中国排污许可制度改革框架研究",载《环境保护》2016年第Z1期。

的规定。2004年8月，原国家环保总局发布《关于发布环境行政许可保留项目的公告》，公布了由环保部门实施的行政许可项目，其中涉及排污许可的行政许可事项由排污许可证（大气、水）核发、向大气排放转炉气等可燃气体的批准等。2008年2月，第十届全国人大常委会第三十二次会议审议通过了《水污染防治法》（2008修订），该修订案第20条明确规定"国家实行排污许可制度"。自十八届三中全会将"完善污染物排放许可制"写入《中共中央关于全面深化改革若干重大问题的决定》后，十八届五中全会又在《中共中央关于制定国民经济和社会发展第十三个五年规划的建议》中提出"改革环境治理基础制度，建立覆盖所有固定污染源的企业排放许可制"。2014年4月，全国人大常委会对《环境保护法》作出修订，明确规定"国家依照法律规定实行排污许可管理制度"。2015年修订的《大气污染防治法》和2017年修正的《水污染防治法》也先后规定对大气、水污染物排放实施排污许可管理。为实施排污许可制度，原国家环保部于2016年12月发布了规范性文件《排污许可证管理暂行规定》，对排污许可的适用对象、许可证内容、实施程序、监督等问题作出具体规定。[1]2015年9月11日，由中央政治局会议审议通过的《生态文明体制改革总体方案》明确要求"完善污染物排放许可制。尽快在全国范围建立统一公平、覆盖所有固定污染源的企业排放许可制，依法核发排污许可证，排污者必须持证排污，禁止无证排污或不按许可证规定排污"。改革要以排污许可制度为核心，整合各项环境管理制度，建立统一的环境管理平台，实现排污企业在建设、生产、关闭等生命周期不同阶段的全过程管理；实行一企一证；

---

〔1〕"环保部推进排污许可证制度实施"，载《法制日报》2017年1月7日。

实行"一证式管理";明晰各方责任,强化监管,落实企业的诚信责任和守法主体责任,推动企业从被动治理转向主动防范。2016年11月10日,国务院发布《控制污染物排放许可制实施方案》,排污许可制度改革全面启动。2017年4月,原国家环保部成立了排污许可与总量控制办公室,将总量控制、排污权交易和排污许可三项职能归到该处室,为固定污染源基础制度的制度融合奠定了良好的基础。在2017年一年的时间内,原国家环保部部署和推动了部门规章和排污许可管理条例的起草、筹备工作,发布了10余个行业的排污许可证申请与核发技术规范,发布了排污许可分类管理名录等指导性文件,建立了全国统一的管理信息平台并投入使用。2017年11月,原国家环保部部务会议通过《排污许可管理办法(试行)》,进一步为排污许可的实施提供依据。

2018年1月,原国家环保部印发《排污许可管理办法(试行)》,规定了排污许可证核发程序等内容,细化了环保部门、排污单位和第三方机构的法律责任,为改革完善排污许可制迈出了坚实的一步。2018年6月,中共中央、国务院《关于全面加强生态环境保护,坚决打好污染防治攻坚战的意见》中强调,要加快推行排污许可制度,对固定污染源实施全过程管理和多污染物协同控制,按行业、地区、时限核发排污许可证,全面落实企业治污责任,强化证后监管和处罚。到2020年将排污许可证制度建设成为固定源环境管理核心制度,实现"一证式"管理。[1]

(二)企业排污许可制度在我国立法中的体现

(1)制定污染物名录。《大气污染防治法》第78条、《水

---

〔1〕 生态环境部规划财务司:"中国排污许可制度改革:历史、现实和未来",载《中国环境监察》2018年第9期。

污染防治法》第 32 条同时规定，国务院生态环境主管部门应当会同国务院卫生行政部门，根据大气污染物对公众健康和生态环境的危害和影响程度，公布有毒有害大气污染物名录以及公布有毒有害水污染物名录，实行风险管理。排放前款规定名录中所列有毒有害大气污染物、有毒有害水污染物的企业事业单位，应当按照国家有关规定建设环境风险预警体系，对排放口和周边环境进行定期监测，评估环境风险，排查环境安全隐患，并采取有效措施防范环境风险。

（2）制定与核发排污许可证。《控制污染物排放许可制实施方案》第 6 条、《排污许可管理办法》第 3 条规定，环境保护部依法制定并公布固定污染源排污许可分类管理名录，明确纳入排污许可管理的范围和申领时限。规定了制定排污许可管理名录。环境保护部依法制订并公布排污许可分类管理名录，考虑企事业单位及其他生产经营者，确定实行排污许可管理的行业类别。对不同行业或同一行业内的不同类型企事业单位，按照污染物产生量、排放量以及环境危害程度等因素进行分类管理，对环境影响较小、环境危害程度较低的行业或企事业单位，简化排污许可内容和相应的自行监测、台账管理等要求。

《控制污染物排放许可制实施方案》第 7 条规定，由县级以上地方政府环境保护部门负责排污许可证核发，地方性法规另有规定的从其规定。企事业单位应按相关法规标准和技术规定提交申请材料，申报污染物排放种类、排放浓度等，测算并申报污染物排放量。环境保护部门对符合要求的企事业单位应及时核发排污许可证，对存在疑问的开展现场核查。首次发放的排污许可证有效期 3 年，延续换发的排污许可证有效期 5 年。上级环境保护部门要加强监督抽查，有权依法撤销下级环境保护部门作出的核发排污许可证的决定。环境保护部统一制定排污许可证申领核发程序、排污许可证样式、信息编码和平台接口标准、相关数据格式要求等。各地区现有排污许可证及其管理要按国家统一要求及时进行规范。

《排污许可管理办法（试行）》第29条规定："核发环保部门应当对排污单位的申请材料进行审核，对满足下列条件的排污单位核发排污许可证：（一）依法取得建设项目环境影响评价文件审批意见，或者按照有关规定经地方人民政府依法处理、整顿规范并符合要求的相关证明材料；（二）采用的污染防治设施或者措施有能力达到许可排放浓度要求；（三）排放浓度符合本办法第十六条规定，排放量符合本办法第十七条规定；（四）自行监测方案符合相关技术规范；（五）本办法实施后的新建、改建、扩建项目排污单位存在通过污染物排放等量或者减量替代削减获得重点污染物排放总量控制指标情况的，出让重点污染物排放总量控制指标的排污单位已完成排污许可证变更。"

（3）经营者按排污许可依法排污。《环境保护法》第45条规定："国家依照法律规定实行排污许可管理制度。实行排污许可管理的企业事业单位和其他生产经营者应当按照排污许可证的要求排放污染物；未取得排污许可证的，不得排放污染物。"《大气污染防治法》第19条规定："排放工业废气或者本法第七十八条规定名录中所列有毒有害大气污染物的企业事业单位、集中供热设施的燃煤热源生产运营单位以及其他依法实行排污许可管理的单位，应当取得排污许可证。排污许可的具体办法和实施步骤由国务院规定。"《水污染防治法》第21条规定，直接或者间接向水体排放工业废水和医疗污水以及其他按照规定应当取得排污许可证方可排放的废水、污水的企业事业单位和其他生产经营者，应当取得排污许可证；城镇污水集中处理设施的运营单位,也应当取得排污许可证。排污许可证应当明确排放水污染物的种类、浓度、总量和排放去向等要求。第23条规定,实行排污许可管理的企业事业单位和其他生产经营者应当按照国家有关规定和监测规范,对所排放的水污染物自行监测,并保存原始监测记录。重点排污单位还应当安装水污染物排放自动监测设备,与环境保护主管部门的监控设备联网,并保证监测设备正常运行。具体办法由国务院环境保护主管部门规定。

(4) 经营者承担法律责任。《环境保护法》第63条规定,企业事业单位和其他生产经营者违反法律规定,未取得排污许可证排放污染物,被责令停止排污,拒不执行,尚不构成犯罪的,除依照有关法律法规规定予以处罚外,由县级以上人民政府环境保护主管部门或者其他有关部门将案件移送公安机关,对其直接负责的主管人员和其他直接责任人员,处10日以上15日以下拘留;情节较轻的,处5日以上10日以下拘留。《大气污染防治法》第99条、《水污染防治法》第83条规定,未依法取得排污许可证排放大气污染物、水污染物的;超过大气污染物、水污染物排放标准或者超过重点大气污染物排放总量控制指标排放大气污染物的或者其他违法行为的,由县级以上人民政府生态环境主管部门责令改正或者限制生产、停产整治,并处10万元以上100万元以下的罚款;情节严重的,报经有批准权的人民政府批准,责令停业、关闭。

(5) 严格对经营者的监督管理。《水污染防治法》第2条规定,应当按照国家有关规定和监测规范,对所排放的水污染物自行监测,并保存原始监测记录。重点排污单位还应当安装水污染物排放自动监测设备,与环境保护主管部门的监控设备联网,并保证监测设备正常运行。《控制污染物排放许可制实施方案》第12条规定,要求依证严格开展监管执法。依证监管是排污许可制实施的关键，重点检查许可事项和管理要求的落实情况，通过执法监测、核查台账等手段，核实排放数据和报告的真实性，判定是否达标排放，核定排放量。企事业单位在线监测数据可以作为环境保护部门监管执法的依据。第15条规定，要建立全国排污许可证管理信息平台，将排污许可证申领、核发、监管执法等工作流程及信息纳入平台，各地现有的排污许可证管理信息平台逐步接入。在统一社会信用代码基础上适当扩充，制定全国统一的排污许可证编码。通过排污许可证管理信息平台统一收集、存储、管理排污许可证信息，实现各级联网、数据集成、信息共享。第16条规定，在全国排污许可证管理信息平台上及时公开企事业单位自行监测数据和环境保护部门监管执法信息，公布不按证排污的企事业单位名单，纳入企业环境行为信用评价，并通过企业信用信息公示系统进行公示。

(三) 企业排污许可制度的实施困境——以武威荣华排污案为例

荣华公司是甘肃省武威市凉州区的民营企业，也是全国首批151家农业产业化龙头企业之一。2011年8月，该公司实施易地搬迁和技改扩建，规划建设年产30万吨玉米淀粉、12万吨谷氨酸等项目。2014年5月，项目主要生产工程基本建成，但污染防治设施没有同步配套建成。荣华公司在环保设施没有完全建成的情况下，未经批准擅自投入调试生产，私设暗管向腾格里沙漠的腹地违法排放污水8万多吨，污染面积266亩。[1]2014年5月28日至今，平均每天排放不达标中水971吨，累计排放271654吨。其中8万多吨通过铺设的暗管直接排入沙漠腹地。相关

---

[1] 李宇军：" 生态文明视野下的企业环保责任——'腾格里沙漠违法排污'案例分析"，载《杭州师范大学学报（社会科学版）》2015年第6期。

部门对荣华公司的董事长立案调查，对该公司两名直接责任人进行行政拘留，依法勒令荣华公司涉案生产项目停产，撤除全部暗管，罚款300多万元。2015年12月，荣华公司违法向腾格里沙漠腹地排污致使环境污染一案经武威市凉州区人民法院一审作出判决。法院认为，被告人林某某作为区环保局主要负责人，对其辖区内的环境违法事件具有全面监督管理的领导职责及主要责任，但其在履行职责过程中，严重不负责任，未认真履行环境监管职责，对工作人员在检查中发现荣华公司未经批准、污染防治设施未建成即投入试生产、超标向腾格里沙漠腹地排放污水的违法行为后，未安排工作人员继续调查取证，对荣华公司存在的环境违法问题未进行立案查处并给予行政处罚，致使荣华公司向腾格里沙漠腹地多处排污的问题未被及时发现处理，其行为符合玩忽职守罪的构成要件，公诉机关指控被告人犯罪的事实清楚，证据确实充分，罪名成立。被告人文某作为副局长、环境监察大队大队长，对辖区内的环境违法事件履行监管义务是其法定的职责。文某虽在检查时发现了被监管企业的部分环境违法行为，但每次对企业只发出限期整改通知书，并未督促企业整改存在的问题或依法采取相关的措施，其行为符合玩忽职守罪的构成要件，公诉机关起诉指控被告人犯罪的事实清楚，证据确实充分，罪名成立。判决被告人林某某犯玩忽职守罪，免予刑事处罚；被告人文某犯玩忽职守罪，免予刑事处罚。[1]

本案中，荣华公司在未取得排污许可证的情况下违法排污，依据《环境保护法》第63条和《甘肃省排污许可证管理办法》第24条的规定，发生违法排污情况时，由环保部门责令限期改

---

[1] "备受社会各界关注的武威荣华公司违法排污案一审宣判"，载http://roll.sohu.com/20151202/n429354212.shtml，访问时间：2019年7月8日。

正并处罚，或将案件移送公安机关进行处置。排污单位虽然对其违法排污行为承担了相应的法律责任，相关部门责任人也受到了追责，但是从事件的发生到沙漠遭受的工业污染再到违法行为的制裁，对于主体责任人的处罚显然过轻。

我国的《环境保护法》旨在对排放污染物的企业建立环境保护责任机制，明晰单位负责人和相关人员的责任并深化单位内部管理，条件允许的情况下设立专门性的环保机构。但荣华公司在面对史上最严《环境保护法》时却不按法律规定履行义务，没有取得排污许可证就利用私设的暗管偷排污染物，这是法律对部分企业的环境责任落实不到位的具体体现。

对于许可证监管主体——环保部门而言，其在执法检查的过程中明知荣华公司存在违法排污的行为，却没有立刻向上级主管部门报告；对上级下达的调查违法排污行为的要求亦是敷衍了事。针对二人的失职行为，凉州区人民法院依据《刑法》第397条等相关规定判决二人犯玩忽职守罪，免除了二人的刑事处罚。笔者认为，生态环境受到破坏，造成环境污染的排污单位固然有着不可推卸的法律责任，但是作为行政监管主体，其监管不力亦是导致危害结果发生的重要原因。此外，对环境保护负有监管责任的主体除环保部门外，还有林业、农业、水利、国土资源等组织机构。在这起排污案中，除环保部门应承担对荣华公司依据排污许可管理要求合法排污的监管职责之外，根据《防沙治沙法》第5条和第22条、《甘肃省实施防沙治沙办法》第4条和第9条的相关规定，武威市凉州区林业局应当负责对本行政区域内腾格里沙漠的防沙治沙监管工作，但本案中，凉州区林业局同样未尽到有效监管之责，致使沙漠土壤和植被破坏遭受严重污染。此外，根据《循环经济促进法》第5条和第20条以及《甘肃省循环经济促进办法》第4条的规定，凉州区发展与改革委员会对荣华公司发展循环经济产业、合理有效利用和循环利用资源、配套建设节水设施负有监管职责，凉州区发改委会亦未落实监管职责，导致沙漠污染事件发生。环境事故的发生和解决往往涉及多个部门，但在具体案件发生时，很多时候是环保这一个部门独自面对，显然很难高效解决重大环境污染事件。

三、企业排污权交易制度

排污许可证是企业排污权确权的载体，通过排污交易可以加强排污许可证的动态化管理。[1]按照目前我国排污许可制度的顶层设计思路，排污许可制度将衔接环境影响评价制度、排污交易制度，形成精简高效、衔接顺畅的管理制度体系；将改善环境质量、综合全部环境管理要素为目标，逐步建立"一证式"管理模式。排放权交易制度的本质是从排放源层面进行环境管理，尤其需要与排污许可制相衔接，从两项制度目前的构成要素及未来的改革发展趋势来看，排污许可制度可从源排放基础信息、初始排放权核定、排放过程监管及排放量核算等多个方面为排放权交易制度的实施提供支撑。[2]

（一）我国企业排污权交易制度的立法历程

1987年，上海市闵行区开展了企业之间水污染物排放指标有偿转让的实践，从而有了中国第一笔排污权交易。随着我国在"九五"期间开始逐步实施总量控制制度，"两控区"区划方案获得国家批准，排污权交易作为一种重要的环境经济政策，

---

〔1〕 何源："论限额-可交易许可证制度的美国经验和中国实践问题"，载《科教导刊（中旬刊）》2012年第26期。

〔2〕 蒋春来等："基于排污许可证的碳排放权交易体系研究"，载《环境污染与防治》2018年第10期。

逐步得到了国家环保部门的重视。1999年4月，中美两国环保部门签署了"关于在我国运用市场机制减少二氧化硫排放的可行性研究"的合作协议，探讨了在中国实施排污权交易的可行性，并先后在江苏、山东、浙江、山西、山东开展了电力行业的排污权交易试点研究，为进一步推广排污权交易应用打下了基础。在本阶段，我国的排污权交易经历了从无到有的漫长实践，也形成了在全国范围内影响较大的排污权交易案例。尽管这段时期的环境治理方法开始从末端治理向源头控制转变，但是，作为排污权交易基础的总量控制等仍然没有依法确立，排污权交易在环境治理中所起的作用有限。由于缺乏健全的市场机制、完善的法律制度和严格的环境监管措施，排污权交易多是政府部门"拉郎配"，排污权有偿取得和排污权交易市场并未真正形成。[1]2007年，嘉兴市成立了全国首个排污权储备交易中心，标志着我国排污权交易的实践逐渐从"企业—企业"直接谈判模式向"企业—交易所—企业"的交易所模式过渡。自2008年开始，国内三大环交所，即北京环境交易所、上海环境能源交易所、天津排放权交易所相继挂牌成立。2009年，国务院政府工作报告提出"积极开展排污权交易试点"；[2]2010年，国务院政府工作报告提出"扩大排污权交易试点"；[3]2011年，国家节能减排"十二五"规划提出"推进排污权和碳排放权交易试点"。[4]在一系列国家政策的推动下，湖北、河北、长沙、

---

〔1〕 沈满洪等：《排污权交易机制研究》，中国环境科学出版社2009年版。
〔2〕 http://www.gov.cn/test/2009-03/16/content_1260221_3.html，访问时间：2018年9月10日。
〔3〕 http://www.gov.cn/2010lh/content_1555767.html，访问时间：2018年9月10日。
〔4〕 http://www.gov.cn/zwgk/2011-09/07/content_1941731.html，访问时间：2018年9月10日。

山西、陕西、青海、贵州、重庆、深圳、广州等省、市都相继挂牌成立了环境资源交易机构。据不完全统计,截至2011年4月,全国已成立的环境交易机构已达19家,各试点省市排污权有偿使用和交易在探索中发展。[1]

2011年11月9日,国务院常务会议通过了《"十二五"控制温室气体排放工作方案》,明确提出了中国开展碳排放交易试点,加强碳交易支持体系建设等具体任务。2011年11月21日,国家发改委下发《关于开展碳排放权交易试点工作的通知》,明确将在北京、天津、上海、重庆、广东、湖北、深圳等七个省、直辖市开展碳排放权交易试点工作,表明中国碳排放市场将从基于项目的基准——信用交易市场逐步发展为以总量控制与配额交易为主的成熟的碳排放市场。2014年12月,又将青岛市纳入试点范围。除了这12个政府批复的试点外,另有16个省份自行开展了交易工作。

2014年,国务院办公厅发布的《关于进一步推进排污权有偿使用和交易试点工作的指导意见》要求:"……充分发挥市场在资源配置中的决定性作用,积极探索建立环境成本合理负担机制和污染减排激励约束机制,促进排污单位树立环境意识,主动减少污染物排放,加快推进产业结构调整,切实改善环境质量。到2017年,试点地区排污权有偿使用和交易制度基本建立,试点工作基本完成。"2016年,国务院七部委推出的《关于构建绿色金融体系的指导意见》提出推动建立排污权交易市场,发展基于排污权的融资工具。目前在各试点实行排污权有偿使用和排污许可制度,排污单位需在当地建立的排污权交易中心进行登记注册,以申请核定确定的排污许可量作为排污许

---

[1] http://www.cbeex.com.cn/article/xwbd/201104/20110400030298.shtml,访问时间:2018年9月10日。

可证核发的基础和排污权交易的前提。各试点省份的试点工作开展范围基本包括了主要区域和主要行业，取得了阶段性进展，但是对于排污权的取得、交易、监管等各方面仍存在不少问题。各地之间没有形成统一的制度和方法，交易信息也不透明，市场建设仍处于探索阶段。

（二）企业排污权交易制度在我国立法中的体现

2011年，国务院常务会议通过了《"十二五"控制温室气体排放工作方案》，该方案提出探索建立碳排放交易市场的工作目标并提出了三点要求：①建立自愿减排交易机制。制定温室气体自愿减排交易管理办法，确立自愿减排交易机制的基本管理框架、交易流程和监管办法，建立交易登记注册系统和信息发布制度，开展自愿减排交易活动。②开展碳排放权交易试点。根据形势发展并结合合理控制能源消费总量的要求，建立碳排放总量控制制度，开展碳排放权交易试点，制定相应法规和管理办法，研究提出温室气体排放权分配方案，逐步形成区域碳排放权交易体系。③加强碳排放交易支撑体系建设。制定我国碳排放交易市场建设总体方案。研究制定减排量核算方法，制定相关工作规范和认证规则。加强碳排放交易机构和第三方核查认证机构资质审核，严格审批条件和程序，加强监督管理和能力建设。在试点地区建立碳排放权交易登记注册系统、交易平台和监管核证制度。充实管理机构，培养专业人才。逐步建立统一的登记注册和监督管理系统。

2014年，国务院办公厅发布的《关于进一步推进排污权有偿使用和交易试点工作的指导意见》对排污权的核定、出让方式、取得、出让收入管理进行了进一步的规定。该意见指出，试点地区实行排污权有偿使用制度，试点地区可以采取定额出让、公开拍卖方式出让排污权。排污权使用费由地方环境保护部门按照污染源管理权限收取，全额缴入地方国库，纳入地方财政预算管理。排污权出让收入统筹用于污染防治，任何单位和个人不得截留、挤占和挪用。同时，该意见对排污权交易的范围提出了原则性的要求：排污权交易原则上在各试点省份内进行。涉及水污染物的排污权交易仅限于在同一流域内进行。火电企业（包括其他行业自备电厂，不含热电联产机组供热部分）原则上不得与其他行业企业进行涉及大气污染物的排污权交易。环境质量未达到要求的地区不得进行增加本地区污染物总量的排污权交易。工业污染源不得与农业污染源进行排污权交易。该意见还要求国务院有关部门要研究制定鼓励排污权交易的财税等扶持政策，鼓励社会资本参与污染物减排和排污权交易，并加强交易管理。

2016年，国务院七部委推出了《关于构建绿色金融体系的指导意见》，该意见支持金融行业发展碳金融等金融工具和相关政策为绿色发展服务。促进建立全国统一的碳排放权交易市场和有国际影响力的碳定价中心。有序发展碳远期、碳掉期、碳期权、碳租赁、碳债券、碳资产证券化和碳基金等碳金融产品和衍生工具，探索研究碳排放权期货交易。鼓励发展基于碳排放权、排污权、节能量（用能权）等各类环境权益的融资工具，拓宽企业绿色融资渠道。

2017年，国家发展和改革委员会发布《全国碳排放权交易市场建设方案（发电行业）》，对发电行业建立碳排放权交易市场提出了一系列要求，分三阶段稳步推进碳市场建设工作。①基础建设期。用一年左右的时间，完成全国统一的数据报送系统、注册登记系统和交易系统建设。深入开展能力建设，提升各类主体参与能力和管理水平。开展碳市场管理制度建设。②模拟运行期。用一年左右的时间，开展发电行业配额模拟交易，全面检验市场各要素环节的有效性和可靠性,强化市场风险预警与防控机制,完善碳市场管理制度和支撑体系。③深化完善期。在发电行业交易主体间开展配额现货交易。交易仅以履约(履行减排义务)为目的,履约部分的配额予以注销,剩余配额可跨履约期转让、交易。在发电行业碳市场稳定运行的前提下,逐步扩大市场覆盖范围,丰富交易品种和交易方式。

国务院发展改革部门会同相关行业主管部门制定企业排放报告管理办法、完善企业温室气体核算报告指南与技术规范。各省级、计划单列市应对气候变化主管部门组织开展数据审定和报送工作。重点排放单位应按规定及时报告碳排放数据。重点排放单位和核查机构须对数据的真实性、准确性和完整性负责。同时,建立重点排放单位配额管理制度。国务院发展改革部门负责制定配额分配标准和办法。各省级及计划单列市应对气候变化主管部门按照标准和办法向辖区内的重点排放单位分配配额。重点排放单位应当采取有效措施控制碳排放,并按实际排放清缴配额。省级及计划单列市应对气候变化主管部门负责监督清缴,对逾期或不足额清缴的重点排放单位依法依规予以处罚,并将相关信息纳入全国信用信息共享平台实施联合惩戒。

(三) 企业排污权交易制度的地方实践探索——以江苏省为例

2007年11月,江苏省政府向财政部、原国家环保总局申请在江苏省太湖流域开展主要水污染物排放指标初始有偿使用和交易试点,当年12月获得批复同意。2008年8月,财政部、原国家环保部和江苏省政府在无锡市联合举行试点启动仪式。2008年11月20日,经江苏省政府同意,江苏省原环保厅会同省财政厅和省物价局联合印发了《江苏省太湖流域主要水污染物排污权有偿使用和交易试点方案细则》,在太湖流域实施水污染物排污权交易试点。2013 年，江苏省在总结前期试点工作的基础上，进一步扩大排污权交易试点范围，出台了《江苏省二氧化硫排污权有偿使用和交易管理办法（试行）》，明确在全省内开展二氧化硫排污权有偿使用和交易活动，积极探索氮氧化物排放指标排污权交易。经过不懈的努力，江苏省级层面排污权交易有较大进展。江苏省原环保厅分别于 2013 年上下半年和 2014 年上半年委托苏州能源交易中心专门组织了三场全省主要污染物排污权交易活动，已累计缴纳有偿使用费 2.25 亿元，排污权交易额 2.24 亿元。

江阴市、常熟市都在排污许可证和排污权交易上做了很大的突破创新，建立相对完成政策体系，并加以实施。一是全面实行排污权有偿使用和交易制度。江阴市要求新、改、扩建项目新增的排污指标，必须通过市主要污染物排污权储备交易中心交易获得。企业通过工程减排、结构减排和管理减排等措施节约的排污指标可以通过排污权交易市场出售，也可以卖给交易中心。二是实行严格的排污许可证监管。江阴市、常熟市都建立了完善的监管制度，并通过刷卡排污的技术手段实现对排污单位的定量监管。江阴全市 350 家年排放 10 吨化学需氧量的企业全部发放排污许可证，安装刷卡排污远程控制设备，能够在企业超标、超总量排污时自动关闭排污阀门。常熟市对 164 家企业进行刷卡排污改造，实现对印染企业的全覆盖。三是建立起完善的工作机制。总量部门、监察部门、信息管理部门分工合作，各司其职，并依托社会机构开展政策研究、系统建设维护等相关技术工作。

虽然江苏省实施排污权交易和排污许可证工作取得一些成绩，但排污权的市场交易活跃程度仍相对滞后，未能充分发挥在配置环境资源方面的作用。主要原因在于：首先，缺乏专门交易管理机构。排污权有偿使用和交易是一项系统工作,涉及环境管理的各个方面,工作量大、技术要求高,其他试点省份基本都成立了专门的排污权管理机构,安排专职人员从事相关工作。目前江苏省各级尚未设置专门机构进行管理和研究,大多由总量条线负责,基层总量工作人员普遍为1~2人,在当前江苏省总量减排压力大的状况下,缺乏精力和时间投入改革工作,更谈不上制度设计创新,导致试点工作未能进一步深入推进。其次,地方政府重视程度亟待加强。排污权有偿使用费的征收涉及企业切身利益,特别是在当前,政府正在考虑如何为企业减负,因此涉及要增加收费项目,影响当地招商引资;政府普遍采取谨慎和观望态度地方,仅仅满足于完成任务,政策创新不足、试点热情不高导致相关工作进展缓慢甚至停滞,影响到全省试点工作的整体推进。复次,管理平台建设有所滞后。当前,江苏省排污权有偿使用和交易平台建设还仅适用于太湖流域,尚未覆盖到全省;功能不完善,大气污染物还不能在平台上交易,且运营不稳定。最后,政策扶持创新力度不够。目前江苏省排污权价值还仅仅停留在交易量上,没有深入挖掘排污权的抵押、融资、信托等属性,相应的配套鼓励引导机制不足,加之排污权产权定位尚不清晰,导致企业普遍惜售,缺乏交易的动力,这也是直接导致二级交易市场供需失衡的重要方面。

第三节 企业环境信息领域的企业环境责任

一、企业环境信息公开制度

企业环境信息公开是指企业在生产经营过程中,通过法定形式和程序,主动将环境信息向社会公众或依申请而向特定的个人或组织公开的制度。环境权利的正式提出,一般认为以1972年6月16日联合国人类环境会议通过的《斯德哥尔摩人类环境宣言》为标志:人类有在一种能够获得尊严和福利的生活环境中,享有自由、平等和充足的生活条件的基本权利,并且负有保证和改善这一代和世世代代的环境的庄严责任;为实现这一环境目标,将要求公民、团体、企业和各级机关承担责任,各国各级政府将对在其管辖区域内的大规模环境政策和行动承担最大的责任,大家平等地从事共同的努力。该会议旨在就人类环境权取得共同的看法和制定共同的原则,以鼓舞和指导世界各国人民保持和改善人类环境。1990年,欧共体通过《关于自由获取环境信息的指令》(即90/313指令),该指令首次在立法中将获取环境信息作为一种独立的权利加以保护。

1992年,联合国环境与发展会议发表《里约宣言》,共宣布27项原则,其中第10项原则指出:"每个人都应享有了解公共机构掌握的环境信息的权利,国家应当提供广泛的信息获取渠道;各国应通过广泛提供环境信息来提高公众的认识和鼓励公众参与并为之提供使利,应让人人都能有效使用司法和行政程序,包括补偿和补救程序。"[1]该原则的确立成为国际社会普遍认同环境信息公开问题的标志。1998年,联合国欧洲经济委员会主持起草的《公众在环境领域获得信息、参与决策和诉诸司法的公约》使得环境知情权以正式的法律形式得以确立。

(一)我国企业环境信息公开制度的立法历程

1989年,第一部《环境保护法》颁布实施,其中第27条规定排污的企业事业单位需向国务院环保部门进行申报登记,开创了我国的企业排污登记制度,但其仅规定了企业需向政府登

---

[1] 李泊言编著:《绿色政治——环境问题对传统观念的挑战》,中国国际广播出版社2000年版。

记的挂污种类,并没有涉及向社会公开环境信息的规定。

2002年,《清洁生产促进法》颁布实施,规定企业需要对其在生产经营过程中消耗的资源和产生的污染进行监测,污染严重的企业还要按照环保部门的要求公开污染物的排放情况,接受社会公众的监督。

2003年,原国家环保总局发布《关于企业环境信息公开的公告》,在环境信息公开的范围、必须公开的信息、自愿公开的信息、环境信息公开方式等方面进行了原则性的规定。

2005年,国务院发布《国务院关于落实科学发展观加强环境保护的决定》,提出建立企业环境监督员制度,公开企业环境信息。对涉及公众环境权益的建设项目和规划,要通过听证会、社会公示、调查问卷等形式,听取社会公众的意见,加强社会对企业的环境信息的监督。

2008年,通过《环境信息公开办法(试行)》,其中对企业的环境信息进行了限定。该办法明确了公民、法人和其他组织向政府申请公开环境信息的权利,也规定了相应的奖励机制,并对污染物排放超标的企业或应当公开而未公开的企业给予处罚。

2014年,修订颁布《环境保护法》,专章规定企业环境信息的公开和公众参与制度,明确了公民、法人、其他组织获取环境信息、参与监督环境保护的权利。2014年12月,原国家环保部审议通过《企业事业单位环境信息公开管理办法》,对企事业单位的环境信息公开作出了规定。该办法主要规定了建立企业事业单位环境行为信用评价制度、环境主管部门确立的重点排污单位名录、重点排污单位要公开的环境信息和途径、环境主管部门及公民、法人和其他组织的监督权利等内容。有关该制度的规定还散落于许多专门性法律法规之中。《国家突发环境事件应急预案》中规定，企业在可能遭遇环境突发事故时要告知会受到影响的群众和政府，由政府发布信息。《水污染防治法》中提到县级以上环境行政主管部门要公布对超标排放污水、污染水域的企业名单。一些地方性法规或规章、政策也对企业的环境信息公开作了相应的规定。例如，山东省出台《企业环境报告书编制指南》，对企业的排污量计算方法、数据采集方法、企业环境报告书内容和编制方法等作了明确的规定，为山东省企业环境信息公开的规范化和透明化提供了指引。

（二）企业环境信息公开制度在我国立法中的体现

《环境保护法》第55条规定："重点排污单位应当如实向社会公开其主要污染物的名称、排放方式、排放浓度和总量、超标排放情况，以及防治污染设施的建设和运行情况，接受社会监督。"

《大气污染防治法》第24条第1款规定："企业事业单位和其他生产经营者应当按照国家有关规定和监测规范，对其排放的工业废气和本法第七十八条规定名录中所列有毒有害大气污染物进行监测，并保存原始监测记录。其中，重点排污单位应当安装、使用大气污染物排放自动监测设备，与生态环境主管部门的监控设备联网，保证监测设备正常运行并依法公开排放信息。监测的具体办法和重点排污单位的条件由国务院生态环境主管部门规定。"第97条规定："发生造成大气污染的突发环境事件，人民政府及其有关部门和相关企业事业单位，应当依照《中华人民共和国突发事件应对法》、《中华人民共和国环境保护法》的规定，做好应急处置工作。生态环境主管部门应当及时对突发环境事件产生的大气污染物进行监测，并向社会公布监测信息。"

《水污染防治法》第32条规定："国务院环境保护主管部门

应当会同国务院卫生主管部门，根据对公众健康和生态环境的危害和影响程度，公布有毒有害水污染物名录，实行风险管理。排放前款规定名录中所列有毒有害水污染物的企业事业单位和其他生产经营者，应当对排污口和周边环境进行监测，评估环境风险，排查环境安全隐患，并公开有毒有害水污染物信息，采取有效措施防范环境风险。"

《固体废物污染环境防治法》（2016 修订）第 32 条规定："国家实行工业固体废物申报登记制度。产生工业固体废物的单位必须按照国务院环境保护行政主管部门的规定，向所在地县级以上地方人民政府环境保护行政主管部门提供工业固体废物的种类、产生量、流向、贮存、处置等有关资料。前款规定的申报事项有重大改变的，应当及时申报。"第 53 条规定："产生危险废物的单位，必须按照国家有关规定制定危险废物管理计划，并向所在地县级以上地方人民政府环境保护行政主管部门申报危险废物的种类、产生量、流向、贮存、处置等有关资料。前款所称危险废物管理计划应当包括减少危险废物产生量和危害性的措施以及危险废物贮存、利用、处置措施。危险废物管理计划应当报产生危险废物的单位所在地县级以上地方人民政府环境保护行政主管部门备案。本条规定的申报事项或者危险废物管理计划内容有重大改变的，应当及时申报。"

《清洁生产促进法》第 27 条规定："企业应当对生产和服务过程中的资源消耗以及废物的产生情况进行监测，并根据需要对生产和服务实施清洁生产审核。有下列情形之一的企业，应当实施强制性清洁生产审核：（一）污染物排放超过国家或者地方规定的排放标准，或者虽未超过国家或者地方规定的排放标准，但超过重点污染物排放总量控制指标的；（二）超过单位产品能源消耗限额标准构成高耗能的；（三）使用有毒、有害原料进行生产或者在生产中排放有毒、有害物质的。污染物排放超过国家或者地方规定的排放标准的企业，应当按照环境保护相关法律的规定治理。实施强制性清洁生产审核的企业，应当将审核结果向所在地县级以上地方人民政府负责清洁生产综合协调的部门、环境保护部门报告，并在本地区主要媒体上公布，接受公众监督，但涉及商业秘密的除外。县级以上地方人民政府有关部门应当对企业实施强制性清洁生产审核的情况进行监督，必要时可以组织对企业实施清洁生产的效果进行评估验收，所需费用纳入同级政府预算。承担评估验收工作的部门或者单位不得向被评估验收企业收取费用。实施清洁生产审核的具体办法，由国务院清洁生产综合协调部门、环境保护部门会同国务院有关部门制定。"

二、企业环境责任报告制度

20世纪70年代的欧美国家出现了企业雇员报告。20世纪60年代是一个经济社会问题的兴起时期，逐步引起了社会对企业道德和责任主体问题的反思。例如，水门事件导致了公众对政府的信任危机，各种不安全产品的丑闻事件引发了公众对企业道德和环境生态问题的关注。为了回应这些社会压力，各国政府陆续颁布一系列法令促使企业承担对雇员的责任，这些法案改变了公众和企业管理层的态度。作为企业积极关注雇员权利的重要载体，年度的企业雇员报告开始出现。

企业环境责任报告最初出现于20世纪70年代的北美企业。一些企业的年度报告书出现了附加的部分——"绿色注解"，以此传播企业的环保理念；有的企业开始不定期地发布环境声明，并逐渐建立企业环境管理体系，披露经济行为中产生的环境问题及其相关的解决办法，增强企业年度环境管理绩效的一致性和可比性。20世纪90年代，独立的环境报告开始出现。在1993年之前，发布独立环境报告的公司仍是少数；到1999年，全球发布环境报告的公司数量增加了10倍。在欧洲，斯堪的纳维亚半岛国家的企业较早发布环境报告，目前该地区报告数量占全世界企业发布报告总数的15%。美国企业的环境报告在20世纪90年代中后期出现了大幅度增长。华盛顿的公司排名机构"投资者责任研究中心"对标准普尔500强企业进行了调查，结果显示：在255家被调查公司中有182家发布了环境绩效报告。在亚太地区，日本企业的环境报告处于世界先进水平。日本最早的环境报告是1993年由本田汽车与东京电力公司两家企业分别发布的。从1999年起，日本大批企业发布环境报告，2002年约有500家公司发布环境报告，2004年已达到约700家。2003年3月，日本内阁发布的《可持续社会建设核心计划》明确要求：到2010年，发布环境报告的企业比例，上市公司要超过50%，雇员超过500人的非上市公司要超过30%。

（一）我国企业环境责任报告的发展历程

长期以来，我国社会责任信息大都零散地披露于上市公司的年报或大众媒体中，独立社会责任报告出现的时间较晚，第一份是1999年壳牌（中国）公司率先发布的可持续发展报告。虽然我国企业社会责任报告起步较晚，但增长较为迅速。尤其是自2006年以来，我国企业社会责任报告如雨后春笋般出现，发布报告的公司分布于十几个行业，因此2006年也被称为中国"社会责任报告元年"。

2006年，海尔发布《2005年海尔环境报告书》，率先在国内大企业中详细公布环境信息，将企业在生产办公过程中的废物排放量、有毒有害化学物质使用量等环境信息传达给公众。至2019年，海尔已经连续14年发布企业环境责任报告，成为国内履行企业环境报告责任最突出的企业之一。

2007年,《国家电网公司2006社会责任报告》在北京正式发布。该报告立足我国国情和公司实际,创建了国家电网公司社会责任理论模型,阐述了12个方面的公司社会责任,详细介绍了国家电网公司的社会责任理念和实践,初步建立了国有独资企业社会责任报告的模式,强调公司对社会各界承担的共同责任包括科学发展、安全供电、卓越管理、科技创新、沟通交流等方面,同时对用户承担优质服务责任,对员工承担员工发展责任,对伙伴承担合作共赢责任,对环境承担环保节约责任。至2019年,国家电网公司已经连续13年发布企业社会责任(包含企业环境责任报告部分)报告。2019年发布的《国家电网有限公司2018社会责任报告》坚持责任源于使命、始于战略,紧紧围绕"三型两网、世界一流"战略目标和"一个引领、三个变革"战略路径,在延续履责意愿、履责行为、履责绩效、履责承诺为框架的基础上,重新梳理了公司履行社会责任的实质性议题,确立了高质量发展、安全供电、公司治理、创新驱动、优质服务、企业公民、绿色环保、全球视野和透明运营等履责主题。同时,报告参考全球可持续发展标准委员会报告标准,首次进行了全球可持续发展倡议实质性对标和联合国可持续发展目标对标。

2008年开始,中石化一直发布年企业社会责任报告,声明中石化在积极提高油气资源供应能力的同时,高度重视安全生产、环境保护和资源节约工作,中石化一直走在承担企业环境责任的前列。2012年11月29日,中石化正式发布《中国石油化工集团公司环境保护白皮书(2012)》。这是中石化首次发布环保白皮书,也是中国工业企业发布的首个环保白皮书。该白皮书提出了中石化的环保理念,并从公司治理、绿色战略、低碳能源、清洁生产等方面介绍了中石化在绿色低碳和环境保护方面的工作。并宣誓做到：坚持清洁生产，提供绿色产品；提高资源效率，发展绿色能源；完善应急体系，防范环境风险。《国石油化工集团公司环境保护白皮书（2012）》不仅介绍中石化的环保理念和成绩，而且向全社会公开承诺，凡是环境保护需要花的钱一分不少，凡是不符合环境保护的事一件不做，凡是污染和破坏环境的效益一分不要。《国石油化工集团公司环境保护白皮书（2012）》的发布，展示了中石化围绕建设"世界一流能源化工公司"目标，在规范公司治理、调整产业结构、推行绿色低碳战略、开发低碳能源、创新绿色技术、推行清洁生产、共建生态文明等方面所做出的努力和取得的成效。表达了中石化认真贯彻落实科学发展观，加快转变经济发展方式，构建资源节约型、环境友好型社会，大力推进生态文明建设的坚定信念。

（二）企业环境责任报告实例——海尔《2018环境报告书》

2019年，海尔发布了《2018环境报告书》，报告了2018年1月1日至12月31日的海尔青岛地区相关环境信息。该报告分为前言、海尔与地球环境问题、智慧能源绿色发展模式、环境报告与社会报告、展望6部分。

前言部分：经过多年的攻坚克难，海尔的环境保护工作稳定实现既定工作目标，各项环境污染物排放指标全部稳定达到国家规定的排放标准要求。目前，按照节能减排的总体要求和主要目标，海尔转变环保工作理念，创新环保工作方式，通过搭建以互联网技术为支撑的智慧能源定制平台，致力于突破制约家电行业发展的"瓶颈"，以互联网+能源管理来实现能源资源的最优配置，从而提高能源利用效率、减少各种污染物排放量、减少碳排放、为防止地球温暖化作出企业的贡献。发展不忘社会责任,海尔连续14年发布企业环境报告书,向社会披露海尔的绿色发展理念与环保行动。通过物质流分析和环境绩效核算分享海尔在能源供给、节能减排等方面的做法和成果;通过披露海尔的环境管理对策和环保目标分享海尔的运行模式和环境管理经验,自觉接受社会对海尔各项环保措施落实情况的监督;通过海尔与社会栏目介绍,与社会分享海尔的环境友好行为和环境友好型产品,不断提升国际知晓度和社会认可度,从而实现海尔与自然、海尔与社会的和谐共生、发展共赢。创新是一切工作的指导思想和工作出发点,也是海尔提升环境管理绩效、推动绿色发展的原动力和发力点。唯有创新型思维和创新性工作方法才能更好地推动家电行业的绿色发展,应对全球气候变化挑战。即将到来的5G时代将是一个创新的时代,海尔以党的十九大精神为指导,把人民对美好生活的向往作为海尔人的新奋斗目标,精准把握家电行业绿色发展的短板和问题,抓住用好新机遇,在为家电行业打好污染防治攻坚战、推动"互联网+"智慧能源的创新实践中,不负众望、勇挑重担、砥砺前行,用"智慧秘钥"解锁绿色价值,开启智能时代的大门、提供海尔绿色发展新模式。

海尔与地球环境问题:①全球趋势:生态环境是人类健康和福祉的基本需求,气候变化这个地球环境问题在全球范围内不断威胁着人类的可持续发展和生态安全。国际能源机构发布的《2018全球能源及二氧化碳现状报告》称:2018年,全球二氧化碳排放量达到331亿吨,较上年增加1.7%,其中美国、中国与印度三国的碳排放增量占据全球的85%,人类似乎与2025年减排26%~28%的目标渐行渐远。实现《巴黎协定》控制全球温升不超过2℃目标面临严峻挑战,需要各国在经济发展与低碳减排双赢的低碳经济之路上加强合作,共同保护地球生态安全，促进世界范围的可持续发展。目前，以能源互联网技术和大数据技术为依托的清洁主导、电为中心、互联互通、共建共享的现代能源体系成为保障能源安全供应、破解生态环境难题、产生最小环境代价的统筹优化方案。利用"大数据+云服务+物联网+智能化"技术来促进能源资源统筹开发和合理配置以达到降低碳排放的目的已经成为国际趋势。②国家号召：2018年，习近平总书记在全国生态环境保护大会上指出，要培育壮大节能环保产业、清洁生产产业、清洁能源产业、推进资源全面节约和循环利用，实现生产系统和生活系统循环链接。李克强总理也在讲话中指出，要运用互联网、大数据、人工智能等新技术，促进传统产业智能化、清洁化改造。加快发展节能环保产业，提高能源清洁化利用水平，发展清洁能源。倡导简约适度、绿色低碳生活方式，推动形成内需扩大和生态环境改善的良性循环。③企业响应：海尔作为世界白色家电第一品牌，近年来一直专注于深入贯彻党和国家的互联网战略和绿色发展战略，紧紧围绕用户的需求持续创新，在物联网能源服务、节能环保、新能源技术服务和能源工程等领域构筑了用户需求解决方案优势，并成功建立了国内最大的智慧能源定制平台。在2019一年里，海尔积极响应国家号召，落实基于"云物大智"的节能环保新要求，进一步完善了海尔智慧能源定制平台建设。

智慧能源绿色发展模式：建立海尔智慧能源定制平台2.0，打造互联互通新生态与共享共赢新平台。①平台建设背景：国家推进网络强国战略，智慧能源逐渐成为能源管理的最高技术。智慧能源是未来能源的发展方向，是智慧城市、智慧园区的重要组成部分；智慧能源将国家"互联网+"行动计划融入园区的转型升级中，以设备、仪表、云计算为技术支持，搭建园区能源产业链。《中国制造2025》是中国政府实施制造强国战略的第一个十年行动纲领。《中国制造2025》坚持"创新驱动、质量为先、绿色发展、结构优化、人才为本"的基本方针,坚持"市场主导、政府引导,立足当前、着眼长远,整体推进、重点突破,自主发展、开放合作"的基本原则,通过"三步走"实现制造强国的战略目标:第一步,到2025年迈入制造强国行列;第二步,到2035年中国制造业整体达到世界制造强国阵营中等水平;第三步,到新中国成立一百年时,综合实力进入世界制造强国前列。网络强国战略包括网络基础设施建设、信息通信业新的发展和网络信息安全三个方面。党的十八届五中全会通过的"十三五"规划《建议》,明确提出实施网络强国战略以及与之密切相关的"互联网+"行动计划。2018年4月,在全国网络安全和信息化工作会议上,习近平总书记深入阐述了网络强国战略思想。网络强国战略思想是习近平新时代中国特色社会主义思想的重要组成部分,是做好网信工作的根本遵循。②平台理念:协助用户从单一能源供应向智慧能源转型探索以能源互联网为核心的创新型能源产业新发展方向;智慧能源园区项目是以打造智慧能源示范基地为目标,以能源互联网为核心主题,集分布式光伏、储能、配售电、清洁能源供暖、新能源人才培训等功能为一体的智慧能源综合体项目。③智慧解决方案:大数据结合云计算、物联网及大数据技术提高新能源利用率,降低用能成本,实现减碳目标。智慧能源云平台对位于全国15个省的55个工厂用能情况进行24小时监控全覆盖。通过对项目企业用能数据的采集、存储、计算以及对相关政策、能源实时价格信息的分析,预测未来能源消耗走势,提前对园区能源系统进行调控优化,降低用能成本。智慧能源服务平台运营,对于14种能源介质和9大能源体系,搭建多能协同的综合能源网络,实现能源基础设施与信息系统深度融合。在平台搭建中,使用能源互联网关键技术,营造开放共享的能源互联网生态体系,实现多种服务模式,实施线上预测,虚拟电厂,需求侧管理效益,产业联合,合资公司,储能项目等。海尔智慧能源总控平台是以能源互联网、大数据云计算技术为创新应用,集配售电、智慧能源管家服务等功能于一体的智慧能源综合体项目。

环境报告:①环境信息公开与交流:2005年,海尔率先在国内开展了家电行业的环境信息公开活动,通过每年发布的《企业环境报告书》,将海尔的环境理念、环境目标、环境绩效和节能减排措施等方面的环境信息向社会披露。海尔在官网开辟专区发布环境报告书,面向全社会提供下载和在线阅览服务。在2019中国家电及消费电子博览会上,海尔展出了最新研发的"无尘"洗衣机,颠覆传统的无外桶设计让参会者都惊讶不已。该洗衣机的出现,颠覆了洗衣机行业延续了百余年的内外双桶结构设计,彻底解决了脏桶的难题,真正实现"零清洗",从而带来了节水环保和用户健康的双重突破。2018年,海尔全球发明专利申请6225项,其中发明专利占比超60%,证明海尔更加注重专利质量。海尔的海外发明专利数量1万余项,覆盖25个国家,是中国在海外布局发明专利最多的家电企业,海尔科技正在推动全球节能减排,生态环保。海尔秉承"创新、协调、绿色、开放、共享"的发展理念,已连续14年发布《企业环境报告书》,展现出海尔勇于承担生态环境责任的国际化企业形象。《企业环境报告书》不仅成为海尔持续完善环境管理体系的重要组成部分,更成为向社会公众反馈企业成长与环境行为的重要平台。②环境管理:海尔推行智慧能源绿色发展模式,不断改革技术创新,加强日常管理。积极推进环境管理体系换版认证,并请专业认证机构对集团ISO14001体系运行情况进行监督审核,集团ISO14001环境管理体系运行良好。2018年,海尔创新优化技术工艺,积极推进危险废物减排,危险废物排放同比降低20%以上。同时,严格遵守《危险废物转移联单管理办法》等国家相关法律法规,全面践行《青岛市危险废物转移联单管理办法》等6项规范性文件,并制定严格的危险废物五联单申领流程,确保各事业部危险废物处理规范化,严防危险废物在产生、暂存和运输过程中出现环境污染事故和安全事故。海尔环境保护委员会根据2016年全国人大常委会修订的《固体废物污染环境保护法》,继续加强"固体废物规范化管理"工作,统一管理固体废物,定期对各单位的危险废物管理情况进行抽审,对不符合要求的固体废物管理行为及时指正,保障危险废物安全处置。③环境绩效:从单位产值能耗、单位产值二氧化碳排放量、单位产值水耗、单位产值废水产生量、单位产值化学需氧量排放量五个方面对海尔近10年来的情况进行比较,直观地分析海尔各项指标的经年变化情况。2018年,单位产值能耗为7.45千克/万元,同比下降10.51%;单位产值水耗为0.171立方米/万元,同比下降6.2%;单位产值废水产生量为0.0911立方米/万元,同比下降5.02%;单位产值二氧化碳排放量为9.3千克/万元,同比下降8.02%;单位产值化学需氧量排放量为3.068克/万元,同比下降7.28%。④降低环境负荷的措施:节能降耗,打造"五无"环保车间污水站升级改造。海尔对空调车间进行节能降耗升级改造,同时打造"无风扇""无高温""无异味""无黑暗地""无烟尘"的五无环保车间环境,实现节能降耗和员工健康的双赢。海尔能源污水站压滤机使用年限较长,设备老旧导致产出污泥含水量较高,每年产生的污泥危废数量巨大,造成较大的环境负担。海尔通过调研,采用能源合同管理模式,积极推进对原旧设备进行更新替换,并增加污泥干化设备,降低污泥含水率,污泥产生量降低71.5%。

社会报告：①海尔与用户：2018年10月26日，海尔智慧家庭在华南区域的首家城市体验中心在深圳佳得宝广场正式开业。海尔智慧家庭是"人单合一"模式下的可定制、生态型、成套化的全新智慧体验，其突出成套设计、成套安装、成套服务三大配套能力，目前成套智慧用户已突破500万户，成套大单已是常态。②海尔与社会：2018年2月20日，国际知名商业媒体《快公司》（Fast Company）杂志公布2018年全球十大最具创新力的中国企业榜单，海尔入选并位列榜单第8位，为唯一入选家电企业。《快公司》认为海尔为国人生活的各个方面提供可靠的解决方案，这是家电行业一项令人印象深刻的进步。此次获奖是海尔第三次被评为全球最具创新力的企业。2018年12月18日，世界品牌实验室官网发布2018年度《世界品牌500强》排行榜，海尔作为全球首个物联网生态品牌入榜，排名世界品牌第41位，较去年上升9位。打造物联网生态品牌，海尔成功酝酿出新时代世界舞台上企业变革的"高起点"。③第三方认证：同济大学陈玲教授认为，海尔作为国内绿色家电的领军企业，有高度的环境保护自觉、环境保护的担当和强烈的社会责任。多年来，海尔积极履行环境保护社会责任，按照国家环保标准，以环境报告书的形式持续披露企业环境信息，很好地保障了公众的知情权和参与权，切实做到了环境信息公开，促进了企业的经济发展与环境保护双赢，以绿色发展理念不断推出环保新产品，有力地推动社会和谐发展，也为国内企业开展环境信息公开工作提供了良好借鉴。山东大学高宝玉教授认为，海尔《2018环境报告书》回顾了海尔在过去一年采取的节能减排措施，介绍了智慧能源定制平台建设信息和在推广低碳发展、绿色发展方面做的工作，展示了海尔作为一个对社会和环境负责的企业形象。通过依靠优化环境管理方式，在不断推进循环经济发展、推动新旧动能转换工作中主动作为,特别是在物联网时代,以互联网+能源管理来实现能源资源的最优配置,以智慧能源平台建设继续引领家电行业节能减排、推动绿色发展是一种非常可行的创新型可持续发展模式。海洋涂料国家重点实验室副主任桂泰江认为,海尔《2018环境报告书》向公众披露了企业过去一年环境管理、环保目标、降低环境负荷措施及绩效等信息,全面展现了企业良好的环境意识,为地区企业做出了积极表率。同时,报告书中倡导的利用"互联网+"平台降低生产能耗和减少碳排放的做法,对降低环境负荷、提高环境管理能力具有重要促进作用,也为其他企业的环保工作转型发展提供了有益参考。

展望:为者常成,行者常至,时光没有辜负为绿色发展努力奋斗的海尔人!借改革开放40周年的东风,海尔准确把握中国经济由高速增长转向高质量发展的重大机遇,奋发有为、锐意进取,以全球化品牌战略的实践和物联网生态圈的生态收入来努力践行绿色发展的理念,引领绿色、创新、交互、共赢。海尔能源小微推出的智慧能源模式是对传统环保理念的再创新,是满足人民日益增长的美好生活需要。"能源模式、对外输出",以经济、社会、生态环境效益的三者统一为目标,以推动低碳、绿色发展为动力,通过为用户提供一揽子分布式综合能源解决方案,为用户降低设备采购成本,减少运营成本,减少能源消耗、减少各种污染物和碳排放,还清洁生态环境于社会,实现多方共赢。科技创新是企业的生存之基,智慧引领是企业的立足之本,创新引领是海尔的绿色发展之路。海尔将依靠先进的智慧物联网开放平台,不断优化环境管理方式,以发展绿色经济不断推动新旧动能转换。通过样板复制,努力打造以智慧能源订制方案为基本的社群生态共创共享的绿色发展样板,以高质量创新变革引领家电行业走绿色发展之路。"乘风破浪正当时，快马加鞭自奋蹄。"海尔将努力把握新时代、抓住新机遇、实现新作为，坚持不懈推动绿色变革，持续创新生态环境保护技术、优化环境管理模式，不断减少污染物排放，坚定践行习近平生态文明思想，以更加开放、共享、共赢的姿态引领新的智慧物联网时代，以绿色发展实践打造保护生态环境的新模式、新样板。[1]

第四节 环境经济政策领域的企业环境责任

一、企业环境税收制度

环境税思想的产生时间比较早，但直到 20 世纪 80 年代才在学术界和实务中得到了重视，这主要是因为现实当中的环境污染问题日益突出。对于环境税，理论界有不同的称呼。李挚萍教授的《经济法的生态化——经济与环境协调发展的法律机制探讨》一书中就曾使用"环境税"这一提法。[2]目前我国大多数的学者在学术文章中也都是采用这一称呼。经济合作与发展组织在其环境经济与政策丛书《税收与环境：互补性政策》一书中将其称为"生态税"。[3]另一种称呼是"绿色税"。[4]对于环境税内涵的界定，目前学术界有多种不同的定义。国际财政

---

[1] http://www.haier.net/HaierGroup/social_responsibility/enviromental_protection/book/201906/P020190605576362055254.pdf，访问时间：2019 年 8 月 8 日。

[2] 李挚萍：《经济法的生态化——经济与环境协调发展的法律机制探讨》，法律出版社 2003 年版。

[3] 经济合作与发展组织：《税收与环境：互补性政策》，张山岭、刘亚明译，中国环境科学出版社 1996 年版。

[4] 苏霞："绿色税收：解决环境问题的有效途径"，载《统计与决策》2005 年第 18 期。

文献局关于环境税的定义是:"对污染企业或者污染物所征收的税,或对投资于防治污染和环境保护的纳税人给予的减免。"[1]在经合组织和欧洲经济区建立的与环境相关的经济政策数据库中,将环境税称之为与环境相关的税收,即"政府征收的具有强制性、无偿性,针对特别的与环境相关税基的任何税收"。由此可见,环境税是国家或者政府基于保护环境的目的,为调节纳税人与环境污染、资源利用行为以及筹集环境保护资金而征收的一系列专门用于保护环境的税收的总称。这里不仅包括为筹集环境保护资金而开征的收入型税种也包括为改变破坏环境的行为而设置的刺激型税种,同时还包括引导和鼓励纳税人环境保护行为而征收的一系列税收。根据环境库兹涅茨曲线理论假说,经济增长必然带来附属产物——环境质量的恶化(负外部性),而化解这种负外部性较好的对策是国家采取相应的政策手段。改善环境现状存在的政府政策手段主要包括政府直接管制、法律手段、污染权交易制度和环境税收等,其中,体现了庇古税机制的环境税是最为有效的工具。[2]环境税收的主要目标是通过税收调节纳税人的经济行为,以减少污染、促进资源合理配置,最终提高经济效益,促进社会经济可持续发展。环境税不仅可以约束污染者的行为,而且还可以增加政府财政收入,为污染治理、环境资源的保护提供稳定的资金来源,以达到环境、经济和社会三赢理想状态。

(一)我国企业环境税收制度的立法历程

从具体实践来看,国外环境保护税的发展和演变主要经历

---

[1] 国家税务局税收科学研究所译:《国际税收词汇》,中国财经经济出版社1992年版。

[2] 梁丽:"我国开征环境税:源起、机理与模式",载《财经问题研究》2010年第9期。

了三个阶段：第一个阶段是 20 世纪 70 年代至 80 年代初期。这一时期的环境税主要以"污染者负担"为原则，要求排污者承担监控排污行为的成本。第二个阶段是 20 世纪 80 年代中期至 90 年代中期。这一时期的环境税种类日益增多，排污税、产品税、能源税、二氧化碳税和二氧化硫税等纷纷出现，功能上也综合考虑了引导作用和财政功能。第三个阶段是 20 世纪 90 年代末至今。可持续发展理念推进了环境保护税的加速发展，许多国家开始推行有利于环保的财政、税收政策的综合环境税改革。这一阶段的环境税改革，与理论界关于"双重红利"假说的研究高度相关，以"双重红利"为中心的理论研究在客观上对各国政府积极推进环境税改革起到了不可忽视的作用。[1]

1994 年，为响应联合国 21 世纪应对气候变化的决议，我国政府主动颁布了全球第一个国家级的纲领性文件《中国 21 世纪议程—中国 21 世纪人口、环境与发展白皮书》，在其行动方案中明确指出"对环境污染处理、开发利用清洁能源、废物综合利用和自然保护等社会公益性项目，在税收、信贷和价格等方面给予必要的优惠"。2005 年 10 月，党的十六届五中全会提出加快建设"资源节约型和环境友好型社会"，党的十七大进一步将其纳入重大国策序列之中。到 2007 年 6 月，国务院发布《国务院关于印发节能减排综合性工作方案的通知》，提出制定和完善鼓励节能减排的税收政策，并明确提出"适时出台燃油税；研究开征环境税；研究促进新能源发展的税收政策；实行鼓励先进节能环保技术设备进口的税收优惠政策。" 2009 年 5 月 25 日，国务院已批转发改委《关于 2009 年深化经济体制改革工作意见的通知》，该通知共出台了 13 条意见，其中第 4 条提出

---

〔1〕 刘晔、张训常："环境保护税的减排效应及区域差异性分析——基于我国排污费调整的实证研究"，载《税务研究》2018 年第 2 期。

"大力推进资源性产品价格和节能环保体制改革,努力转变发展方式",第9条提出"加快理顺环境税费制度,研究开征环境税"。2011年,我国政府再次提出积极推进环境保护税费改革,选择防治任务繁重、技术标准成熟的税目开征环境保护税,逐步扩大征收范围。党的十八大明确提出,要深化资源性产品价格和税费改革,建立反映市场供求和资源稀缺程度、体现生态价值和代际补偿的资源有偿使用制度和生态补偿制度。2013年11月,党的十八届三中全会提出,要加快资源税改革,推动环境保护费改税。[1]2015年6月1日通过《十二届全国人大常委会立法计划》,将环境保护税法、资源税法、耕地占用税法等7部税种纳入立法计划范畴。[2]2016年12月25日,十二届全国人大常委会第二十五次会议表决通过《环境保护税法》,将现行排污费更改为环境税。环境保护税法是党的十八届三中全会提出"落实税收法定原则"要求后,全国人大常委会审议通过的第一部单行税法,是我国第一部专门体现"绿色税制"、推进生态文明建设的单行税法,该法于2018年1月1日起施行。2018年8月7日,国务院颁布《环境保护税法实施条例》,该条例细化了环境保护税法中的相关规定并同步施行。

(二)《环境保护税法》及《环境保护税法实施条例》的基本内容

《环境保护税法》全文五章、28条,分别为总则、计税依据和应纳税额、税收减免、征收管理、附则。该法对排污者排

---

〔1〕 刘田原:"我国环境税制度的现实问题、域外经验及对策研究",载《上海市经济管理干部学院学报》2018年第2期。

〔2〕 2015年6月1日通过的《十二届全国人大常委会立法规划》,在第一类项目中,增加了环境保护税法、增值税法、资源税法、房地产税法、关税法、船舶吨税法、耕地占用税法等7部税种法律的立法。其中,环境保护税法的立法被放在了首要位置。

放的《环境保护税税目税额表》《应税污染物和当量值表》规定的大气污染物、水污染物、固体废物和噪声进行征税，并对计税依据和应纳税额进行了规定。该法第 5 条规定："依法设立的城乡污水集中处理、生活垃圾集中处理场所超过国家和地方规定的排放标准向环境排放应税污染物的，应当缴纳环境保护税。企业事业单位和其他生产经营者贮存或者处置固体废物不符合国家和地方环境保护标准的，应当缴纳环境保护税。"专章规定了环境保护税的计税依据和应纳税额。第 7 条规定："应税污染物的计税依据，按照下列方法确定：（一）应税大气污染物按照污染物排放量折合的污染当量数确定；（二）应税水污染物按照污染物排放量折合的污染当量数确定；（三）应税固体废物按照固体废物的排放量确定；（四）应税噪声按照超过国家规定标准的分贝数确定。"第 8 条规定："应税大气污染物、水污染物的污染当量数，以该污染物的排放量除以该污染物的污染当量值计算。每种应税大气污染物、水污染物的具体污染当量值，依照本法所附《应税污染物和当量值表》执行。"第 9 条规定："每一排放口或者没有排放口的应税大气污染物，按照污染当量数从大到小排序，对前三项污染物征收环境保护税。每一排放口的应税水污染物，按照本法所附《应税污染物和当量值表》，区分第一类水污染物和其他类水污染物，按照污染当量数从大到小排序，对第一类水污染物按照前五项征收环境保护税，对其他类水污染物按照前三项征收环境保护税。省、自治区、直辖市人民政府根据本地区污染物减排的特殊需要，可以增加同一排放口征收环境保护税的应税污染物项目数，报同级人民代表大会常务委员会决定，并报全国人民代表大会常务委员会和国务院备案。"第 12 条还规定了暂予免征环境保护税的法定情形：农业生产（不包括规模化养殖）排放应税污染物的；机动车、铁路机车、非道路移动机械、船舶和航空器等流动污染源排放应税污染物的；依法设立的城乡污水集中处理、生活垃圾集中处理场所排放相应应税污染物，不超过国家和地方规定的排放标准的；纳税人综合利用的固体废物，符合国家和地方环境保护标准的；国务院批准免税的其他情形。第13条规定了可以减税的情形：纳税人排放应税大气污染物或者水污染物的浓度值低于国家和地方规定的污染物排放标准30%的，减按75%征收环境保护税。纳税人排放应税大气污染物或者水污染物的浓度值低于国家和地方规定的污染物排放标准50%的，减按50%征收环境保护税。

《环境保护税法实施条例》在环境保护税法的框架内，重点对征税对象、计税依据、税收减免以及税收征管的有关规定作了细化，以更好地适应环境保护税征收工作的实际需要。①征税对象细化。主要有三个方面：一是明确《环境保护税税目税额表》所称其他固体废物的具体范围依照《环境保护税法》第6条第2款规定的程序确定，即由省、自治区、直辖市人民政府提出，报同级人大常委会决定，并报全国人大常委会和国务院备案。二是明确了"依法设立的城乡污水集中处理场所"的范围。《环境保护税法》规定，依法设立的城乡污水集中处理场所超过排放标准排放应税污染物的应当缴纳环境保护税，不超过排放标准排放应税污染物的暂予免征环境保护税。为明确这一规定的具体适用对象，实施条例规定依法设立的城乡污水集中处理场所是指为社会公众提供生活污水处理服务的场所，不包括为工业园区、开发区等工业聚集区域内的企业事业单位和其他生产经营者提供污水处理服务的场所，以及企业事业单位和其他生产经营者自建自用的污水处理场所。三是明确了规模化养殖缴纳环境保护税的相关问题，规定达到省级人民政府确定的规模标准并且有污染物排放口的畜禽养殖场应当依法缴纳环境保护税；依法对畜禽养殖废弃物进行综合利用和无害化处理的，不属于直接向环境排放污染物，不缴纳环境保护税。②计税依据的细化。按照《环境保护税法》的规定，应税大气污染物、水污染物按照污染物排放量折合的污染当量数确定计税依据，应税固体废物按照固体废物的排放量确定计税依据，应税噪声按照超过国家规定标准的分贝数确定计税依据。根据实际情况和需要，《环境保护税法实施条例》进一步明确了有关计税依据的两个问题：一是考虑到在符合国家和地方环境保护标准的设施、场所贮存或者处置固体废物不属于直接向环境排放污染物，不缴纳环境保护税，对依法综合利用固体废物暂予免征环境保护税。为体现对纳税人治污减排的激励，该条例规定固体废物的排放量为当期应税固体废物的产生量减去当期应税固体废物的贮存量、处置量、综合利用量的余额。二是为体现对纳税人相关违法行为的惩处，《环境保护税法实施条例》规定，纳税人有非法倾倒应税固体废物，未依法安装使用污染物自动监测设备或者未将污染物自动监测设备与环境保护主管部门的监控设备联网，损毁或者擅自移动、改变污染物自动监测设备，篡改、伪造污染物监测数据以及进行虚假纳税申报等情形的，以其当期应税污染物的产生量作为污染物的排放量。③减税规定的细化。《环境保护税法》第13条规定，纳税人排放应税大气污染物或者水污染物的浓度值低于排放标准30%的，减按75%征收环境保护税；低于排放标准50%的，减按50%征收环境保护税。为便于实际操作，《环境保护税法实施条例》首先明确了上述规定中应税大气污染物、水污染物浓度值的计算方法，即：应税大气污染物或者水污染物的浓度值，是指纳税人安装使用的污染物自动监测设备当月自动监测的应税大气污染物浓度值的小时平均值再平均所得数值或者应税水污染物浓度值的日平均值再平均所得数值，或者监测机构当月监测的应税大气污染物、水污染物浓度值的平均值。同时，该条例按照从严掌握的原则，进一步明确限定了适用减税的条件，即：应税大气污染物浓度值的小时平均值或者应税水污染物浓度值的日平均值，以及监测机构当月每次监测的应税大气污染物、水污染物的浓度值，均不得超过国家和地方规定的污染物排放标准。④管理规定的细化。为保障环境保护税征收管理顺利开展，《环境保护税法实施条例》在明确县级以上地方人民政府应当加强对环境保护税征收管理工作的领导，及时协调、解决环境保护税征收管理工作中重大问题的同时，进一步明确了税务机关和环境保护主管部门在税收征管中的职责以及互相交送信息的范围，并对纳税申报地点的确定、税收征收管辖争议的解决途径、纳税人识别、纳税申报数据资料异常包括的具体情形、纳税人申报的污染物排放数据与环境保护主管部门交送的相关数据不一致时的处理原则，以及税务机关、环境保护主管部门无偿为纳税人提供有关辅导、培训和咨询服务等作了明确规定。[1]

（三）我国环境税收制度的现实困惑

尽管《环境保护税法》已搭建起环境税运行的基本架构，但受制于费改税的立法策略和税负平移的立法考虑，[2]致使不管是环境税客体、计税依据、税率、税收减免等税制要素的微观设计，还是征管机制的创新构造，都难言是科学立法的产物，因为"科学立法原则关注于立法事实的收集加工以及立法目的

---

[1] 参见"国务院法制办、财政部、税务总局、环保部负责人就《中华人民共和国环境保护税法实施条例》答问"。

[2] 参见《关于〈环境保护税法（征求意见稿）〉的说明》《关于〈环境保护税法（草案）〉的说明》中的相关规定。

达致的手段问题",[1]而这恰是环境税立法所缺乏的,以致可能为环境税的未来埋下隐忧,导致"保护和改善环境,减少污染物排放,推进生态文明建设"[2]目的大打折扣。

(1)立法宗旨未能反映环境税法的职能。作为国家的宏观调控杠杆之一,税收类法律的立法宗旨应体现税收的三大职能,即分配收入、配置资源或宏观调控,以及保障社会稳定。我国《环境保护税法》第1条规定:"为了保护和改善环境,减少污染物的排放,推进生态文明建设,制定本法。"可见,该法的立法宗旨是"保护和改善环境""减少污染物的排放""推进生态文明建设"。从法理的角度看,环境税的征税依据是污染行为对环境造成的侵害程度,对污染物排放行为进行税收评价。[3]《环境保护税法》是将一些排放污染物行为纳入负面性评价,并通过税收杠杆来对经济发展带来的环境污染这一"负外部性行为"进行调控的手段,激励污染物排放人采取相应技术改进措施减少污染物的排放。这就使得《环境保护税法》应然状态下具有保护和改善环境、减少污染物排放和增加国家税收收入两方面的职能。[4]

(2)与环境保护相关税种的缺少。我国现行的税收制度中还缺少以环境保护为目的、针对污染环境的行为或产品课税的专门税种,这就限制了税收对环境污染的调控力度,也难以筹集用作资源节约和环境保护的专项资金。目前我国现有的税种

---

[1] 裴洪辉:"合规律性与合目的性:科学立法原则的法理基础",载《政治与法律》2018年第10期。

[2] 《环境保护税法》第1条规定:"为了保护和改善环境,减少污染物排放,推进生态文明建设,制定本法。"

[3] 梁丽:"我国开征环境税:源起、机理与模式",载《财经问题研究》2010年第9期。

[4] 张守文:"经济法学的发展理论初探",载《财经法学》2016年第4期。

第四章　我国当代企业环境责任制度的评析

有19个，其中固定资产投资方向调节税已经停征，其余18个税种包括增值税、消费税、营业税、企业所得税、个人所得税、关税、资源税、城镇土地使用税、耕地占用税、城市维护建设税、土地增值税、房产税、车船税、车辆购置税、船舶吨税、印花税、烟叶税、契税。这些税种当中大部分具有保护环境的潜在制度基础和环境保护政策导向，有一部分已经体现了环境保护和节约资源的立法倾向，但总的来说仅仅是一种嵌入式的环境税制模式。[1]并且，这些税收收入是直接纳入国家财政预算或是用于地方补贴的，没有直接用于环境保护的领域和使用，不足以实现《环境保护税法》通过环境税收筹集环保资金治理环境污染的目标。

（3）纳税主体范围限制不当。《环境保护税法》第2条规定："在中华人民共和国领域和中华人民共和国管辖的其他海域，直接向环境排放应税污染物的企业事业单位和其他生产经营者为环境保护税的纳税人，应当依照本法规定缴纳环境保护税。"该条规定了纳税主体是"企业事业单位"和"其他生产经营者"。环境税的纳税主体范围是否需要以立法的方式、以列举的形式加以限制？这种限制性规定是否符合我国的法理呢？从《侵权责任法》的角度而言，环境污染侵权责任的归责原则实行"无过错责任原则"，侵权者只需具备排污行为、损害事实以及行为与损害之间因果关系即可成立侵权责任，并没有规定必需的主体资格要件。笔者认为，《环境保护税法》是针对污染环境的行为进行限制的，调整的是行为而不是主体；只要实施了为该法所负面评价的行为，就应当成为环境税的纳税主体。

（4）税率确定单一。《环境保护税法》第11条规定了环境

---

〔1〕 尹磊："环境税制度构建的理论依据与政策取向"，载《税务研究》2014年第6期。

保护税应纳税额的计算方法，但该税率由固定税率构成，并不包含比例税率。从"负担平移"的角度出发，这并未加重纳税人的总体负担，从积极意义上讲更有助于公众对该法的可接受性。但从生态文明建设和环境保护角度来讲，此并非最优选择。该法附表一中就"大气污染物"和"水污染物"的计税税额从低到高可以相差10倍（比如水污染物每污染当量应税1.4元到14元），这就给了地方政府以巨大的裁量权，加之我国传统的熟人社会、"打招呼"等影响法治建设的客观因素存在，地方政府未必愿意从高进行征收。由此可以发现，目前的这种税率确实并不能很好地解决当下的环境问题，较难实现该法的立法宗旨和目的。

（5）环境保护税收优惠的缺乏。我国目前的环境税收制度在实践的过程中除了针对浪费资源的破坏环境的行为进行征税之外，在整个税收体系中还存在着一些税收优惠的具体规定，用来鼓励和倡导资源节约和环境保护。但与环境保护相关的优惠政策形式还是比较单一的，主要体现在以免税等税额式优惠为主，优惠政策数量有限且优惠力度不够。这样的税收优惠政策在整个税收体系中所占的比例还是非常有限的，不能完全实现环境税收对纳税人保护环境节约资源的刺激作用，同时这些税收优惠政策的范围过于狭窄，在征税过程中对于纳税企业来说难以促进新能源的开发和能源结构的调整。[1]

二、生态补偿制度

在我国，生态学意义上的生态补偿定义最早在1987年由张诚谦提出："生态补偿就是从利用资源所得到的经济收益中提取

---

[1] 刘田原：可持续发展视阈下中国环境税收制度研究：理论基础、现实困惑及改革路径，载《河北地质大学学报》2018年第3期。

第四章 我国当代企业环境责任制度的评析

一部分资金,以物质或能量的方式归还生态系统,以维持生态系统的物质、能量、输入、输出的动态平衡。""这一说法着重强调要通过人的能动作用对生态系统进行干预,修复已经受损的生态环境,使生态系统的自然循环能力得以恢复,维持生态平衡。目前,生态学意义上最具有代表性的生态补偿表述是1991年《环境科学大词典》提出的定义,即自然生态补偿是指"生物有机体、种群、群落或生态系统受到干扰时,所表现出来的缓和干扰、调节自身状态使生存得以维持的能力,或者可以看作生态负荷的还原能力"。[1]生态学意义上的生态补偿主要从自然生态系统的整体性出发,认为生态系统具备一定的自我还原、恢复能力。但是,当人类的生产和生活活动对生态造成的破坏超越了自然生态系统的恢复能力阈值时,应当规制人类的开发利用活动,使人类的行为更加趋于理性化且符合自然规律,从而促进人与自然和谐发展。

20世纪90年代前期,经济学家将生态补偿通常解释为生态环境加害者赔偿,如污染者付费。[2]这一时期的生态补偿,主要目的在于积极寻求一种合理的经济刺激方式,既能合理保护环境,同时也为治理环境筹集资金,通过征收生态环境补偿费或税,使生态环境加害者为其行为付出代价。20世纪90年代中后期,由于经济的发展和生态建设的需要,经济学上的生态补偿内涵随之发生拓展,包含了对生态环境建设者、保护者进行补偿,改变了先前仅仅针对生态环境加害者的收费的片面理解,同时注重兼顾区域之间、个体与单位之间公平的发展机会,如

---

[1] 《环境科学大词典》编委会编:《环境科学大词典》,中国环境科学出版社1991年版。

[2] 杜群、张萌:"我国生态补偿法律政策现状和问题",载王金南、庄国泰主编:《生态补偿机制与政策设计国际研讨会论文集》,中国环境科学出版社2006年版。

采取退耕还林还草的补偿政策等。生态补偿是将环境问题所带来的外部不经济性内部化的一种经济手段，是避免陷入"公地悲剧"的一种积极措施。

(一) 我国生态补偿制度的立法历程

20 世纪 70 年代起，我国开始重视环境治理与生态修复问题，成立了中央到地方的环境保护部门。1978 年，"三北"防护林工程被认为是国家层面实施的重要生态治理工程，在生态修复领域具有划时代的意义。[1] 20 世纪 80 年代初至 90 年代末，环境保护被作为一项基本国策提出，国家先后颁布施行了《土地管理法》和《土地复垦规定》等资源环境法律，为生态补偿的实践提供了法律依据。1990 年，国务院发布《关于进一步加强环境保护工作的规定》，首次确立"谁开发谁保护、谁破坏谁恢复、谁利用谁补偿"和"开发利用与保护增值并重"的生态补偿方针，避免经济社会活动的外部不经济性问题。1996 年，《国务院关于环境保护若干问题的决定》提出："建立并完善有偿使用自然资源和恢复生态环境的经济补偿机制"。2010 年，国务院将制定《生态补偿条例》列入立法计划，标志着生态补偿制度建设正式进入法治阶段。党的十八大把生态文明建设纳入中国特色社会主义事业"五位一体"总体布局，明确提出大力推进生态文明建设。2013 年 4 月，国务院将生态补偿的领域从原来的湿地、矿产资源开发扩大到流域和水资源、饮用水水源保护、农业、草原、森林、自然保护区、重点生态功能区、区域、海洋十大领域。2013 年 11 月，《中共中央关于全面深化改革若干重大问题的决定》提出针对资源有偿使用和生态补偿制度，建立吸引社会资本投入生态环境保护的市场化机制，推动

---

[1] 李云燕："我国自然保护区生态补偿机制的构建方法与实施途径研究"，载《生态环境学报》2011 年第 12 期。

地区间建立横向生态补偿制度。2014年修订的《环境保护法》从立法层面对生态保护补偿做了"顶层设计",对生态保护补偿的实践进行了制度性的回应。2016年,国务院印发《关于健全生态保护补偿机制的意见》,提出生态保护补偿机制的目标是:到2020年,实现森林、草原、湿地、荒漠、海洋、水流、耕地等重点领域和禁止开发区域、重点生态功能区等重要区域生态保护补偿全覆盖,补偿水平与经济社会发展状况相适应,跨地区、跨流域补偿试点示范取得明显进展,多元化补偿机制初步建立,基本建立符合我国国情的生态保护补偿制度体系,促进形成绿色生产方式和生活方式。2017年,党的十九大对生态系统保护和修复作出战略性安排,将"建立市场化、多元化生态补偿机制"列为"加快生态文明体制改革,建设美丽中国"的内容之一。到目前为止,以《环境保护法》为引领,与《土地管理法》(2004年)、《矿产资源法》(2009年)、《草原法》(2013年)、《森林法》(2009年)、《森林法实施条例》(2018年)、《防沙治沙法》(2018年)、《湿地保护管理规定》(2013年)、《农业法》(2012年)、《水法》(2016年)、《水土保持法》(2010年)、《水污染防治法》(2017年)、《海洋环境保护法》(2017年)、《海岛保护法》(2009年)等法律法规相结合,建立起了综合性的资源有偿使用制度和生态补偿制度。

(二) 生态补偿制度在我国立法中的体现

《环境保护法》第31条规定:"国家建立、健全生态保护补偿制度。国家加大对生态保护补偿地区的财政转移支付力度。有关地方人民政府应当落实生态保护补偿资金,确保其用于生态保护补偿。国家指导受益地区和生态保护地区的人民政府通过协商或者按照市场规则进行生态保护补偿。"

《土地管理法》第30条第1款,第2款规定:"国家保护耕地,严格控制耕地转为非耕地。国家实行占用耕地补偿制度。非农业建设经批准占用耕地的,按照"占多少,垦多少"的原则,由占用耕地的单位负责开垦与所占用耕地的数量和质量相当的耕地;没有条件开垦或者开垦的耕地不符合要求的,应当按照省、自治区、直辖市的规定缴纳耕地开垦费,专款用于开垦新的耕地。"第40条规定:"开垦未利用的土地,必须经过科学论证和评估,在土地利用总体规划划定的可开垦的区域内,经依法批准后进行。禁止毁坏森林、草原开垦耕地,禁止围湖造田和侵占江河滩地。根据土地利用总体规划,对破坏生态环境开垦、围垦的土地,有计划有步骤地退耕还林、还牧、还湖。"第43条规定:"因挖损、塌陷、压占等造成土地破坏,用地单位和个人应当按照国家有关规定负责复垦;没有条件复垦或者复垦不符合要求的,应当缴纳土地复垦费,专项用于土地复垦。复垦的土地应当优先用于农业。"

《矿产资源法》第5条规定:"国家实行探矿权、采矿权有偿取得的制度;但是,国家对探矿权、采矿权有偿取得的费用,可以根据不同情况规定予以减缴、免缴。具体办法和实施步骤由国务院规定。开采矿产资源,必须按照国家有关规定缴纳资源税和资源补偿费。"第32条规定,开采矿产资源,必须遵守有关环境保护的法律规定,防止污染环境。开采矿产资源,应当节约用地。耕地、草原、林地因采矿受到破坏的,矿山企业应当因地制宜地采取复垦利用、植树种草或者其他利用措施。开采矿产资源给他人生产、生活造成损失的,应当负责赔偿,并采取必要的补救措施。"

《草原法》第18条规定:"编制草原保护、建设、利用规划,应当依据国民经济和社会发展规划并遵循下列原则:(一)改善生态环境,维护生物多样性,促进草原的可持续利用;(二)以现有草原为基础，因地制宜，统筹规划，分类指导；（三）保护为主、加强建设、分批改良、合理利用；（四）生态效益、经济效益、社会效益相结合。"第 35 条规定，国家提倡在农区、半农半牧区和有条件的牧区实行牲畜圈养。草原承包经营者应当按照饲养牲畜的种类和数量，调剂、储备饲草饲料，采用青贮和饲草饲料加工等新技术，逐步改变依赖天然草地放牧的生产方式。在草原禁牧、休牧、轮牧区，国家对实行舍饲圈养的给予粮食和资金补助。具体办法由国务院或者国务院授权的有关部门规定。"第 48 条规定，国家支持依法实行退耕还草和禁牧、休牧。对在国务院批准规划范围内实施退耕还草的农牧民，按照国家规定给予粮食、现金、草种费补助。

《森林法（2009 年修正）》第 8 条规定："国家对森林资源实行以下保护性措施：（一）对森林实行限额采伐，鼓励植树造林、封山育林，扩大森林覆盖面积；（二）根据国家和地方人民政府有关规定，对集体和个人造林、育林给予经济扶持或者长期贷款；（三）提倡木材综合利用和节约使用木材，鼓励开发、利用木材代用品；（四）征收育林费，专门用于造林育林；（五）煤炭、造纸等部门，按照煤炭和木浆纸张等产品的产量提取一定数额的资金，专门用于营造坑木、造纸等用材林；（六）建立林业基金制度。国家设立森林生态效益补偿基金，用于提供生态效益的防护林和特种用途林的森林资源、林木的营造、抚育、保护和管理。森林生态效益补偿基金必须专款专用，不得挪作他用。具体办法由国务院规定。"

《森林法实施条例》第 15 条规定："国家依法保护森林、林木和林地经营者的合法权益。任何单位和个人不得侵占经营者依法所有的林木和使用的林地。用材林、经济林和薪炭林的经营者，依法享有经营权、收益权和其他合法权益。防护林和特种用途林的经营者，有获得森林生态效益补偿的权利。"

《防沙治沙法》第 6 条规定："使用土地的单位和个人，有防止该土地沙化的义务。使用已经沙化的土地的单位和个人，有治理该沙化土地的义务。"第 25 条第 3 款规定："采取退耕还林还草、植树种草或者封育措施治沙的土地使用权人和承包经营权人，按照国家有关规定，享受人民政府提供的政策优惠。"第 33 条规定："国务院和省、自治区、直辖市人民政府应当制定优惠政策，鼓励和支持单位和个人防沙治沙。县级以上地方人民政府应当按照国家有关规定，根据防沙治沙的面积和难易程度，给予从事防沙治沙活动的单位和个人资金补助、财政贴息以及税费减免等政策优惠。单位和个人投资进行防沙治沙的，在投资阶段免征各种税收；取得一定收益后，可以免征或者减征有关税收。"第 35 条规定："因保护生态的特殊要求，将治理后的土地批准划为自然保护区或者沙化土地封禁保护区的，批准机关应当给予治理者合理的经济补偿。"第 36 条规定："国家根据防沙治沙的需要，组织设立防沙治沙重点科研项目和示范、推广项目，并对防沙治沙、沙区能源、沙生经济作物、节水灌溉、防止草原退化、沙地旱作农业等方面的科学研究与技术推广给予资金补助、税费减免等政策优惠。"

《湿地保护管理规定》第 3 条规定："国家对湿地实行全面保护、科学修复、合理利用、持续发展的方针。"第 18 条第 2 款规定："因工程建设等造成国际重要湿地生态特征退化甚至消失的，省、自治区、直辖市人民政府林业主管部门应当会同同级人民政府有关部门督促、指导项目建设单位限期恢复，并向同级人民政府和国家林业局报告；对逾期不予恢复或者确实无法恢复的，由国家林业局会商所在地省、自治区、直辖市人民政府和国务院有关部门后，按照有关规定处理。"第 25 条规定：

"因保护湿地给湿地所有者或者经营者合法权益造成损失的,应当按照有关规定予以补偿。"第 26 条规定:"县级以上人民政府林业主管部门及有关湿地保护管理机构应当组织开展退化湿地修复工作,恢复湿地功能或者扩大湿地面积。"

《农业法》第 62 条规定:"禁止毁林毁草开垦、烧山开垦以及开垦国家禁止开垦的陡坡地,已经开垦的应当逐步退耕还林、还草。禁止围湖造田以及围垦国家禁止围垦的湿地。已经围垦的,应当逐步退耕还湖、还湿地。对在国务院批准规划范围内实施退耕的农民,应当按照国家规定予以补助。"第 63 条规定:"各级人民政府应当采取措施,依法执行捕捞限额和禁渔、休渔制度,增殖渔业资源,保护渔业水域生态环境。国家引导、支持从事捕捞业的农(渔)民和农(渔)业生产经营组织从事水产养殖业或者其他职业,对根据当地人民政府统一规划转产转业的农(渔)民,应当按照国家规定予以补助。"

《水法》第 31 条规定:"从事水资源开发、利用、节约、保护和防治水害等水事活动,应当遵守经批准的规划;因违反规划造成江河和湖泊水域使用功能降低、地下水超采、地面沉降、水体污染的,应当承担治理责任。开采矿藏或者建设地下工程,因疏干排水导致地下水水位下降、水源枯竭或者地面塌陷,采矿单位或者建设单位应当采取补救措施;对他人生活和生产造成损失的,依法给予补偿。"第 35 条规定:"从事工程建设,占用农业灌溉水源、灌排工程设施,或者对原有灌溉用水、供水水源有不利影响的,建设单位应当采取相应的补救措施;造成损失的,依法给予补偿。"

《水土保持法》第 31 条规定:"国家加强江河源头区、饮用水水源保护区和水源涵养区水土流失的预防和治理工作,多渠道筹集资金,将水土保持生态效益补偿纳入国家建立的生态效益补偿制度。"第32条规定:"开办生产建设项目或者从事其他生产建设活动造成水土流失的,应当进行治理。在山区、丘陵区、风沙区以及水土保持规划确定的容易发生水土流失的其他区域开办生产建设项目或者从事其他生产建设活动,损坏水土保持设施、地貌植被,不能恢复原有水土保持功能的,应当缴纳水土保持补偿费,专项用于水土流失预防和治理。……"

《水污染防治法》第8条规定:"国家通过财政转移支付等方式,建立健全对位于饮用水水源保护区区域和江河、湖泊、水库上游地区的水环境生态保护补偿机制。"

《海洋环境保护法(2016修正)》第12条规定:"直接向海洋排放污染物的单位和个人,必须按照国家规定缴纳排污费。依照法律规定缴纳环境保护税的,不再缴纳排污费。向海洋倾倒废弃物,必须按照国家规定缴纳倾倒费。根据本法规定征收的排污费、倾倒费,必须用于海洋环境污染的整治,不得挪作他用。具体办法由国务院规定。"第20条规定:"国务院和沿海地方各级人民政府应当采取有效措施,保护红树林、珊瑚礁、滨海湿地、海岛、海湾、入海河口、重要渔业水域等具有典型性、代表性的海洋生态系统,珍稀、濒危海洋生物的天然集中分布区,具有重要经济价值的海洋生物生存区域及有重大科学文化价值的海洋自然历史遗迹和自然景观。对具有重要经济、社会价值的已遭到破坏的海洋生态,应当进行整治和恢复。"

《海岛保护法》第25条规定:"在有居民海岛进行工程建设,应当坚持先规划后建设、生态保护设施优先建设或者与工程项目同步建设的原则。进行工程建设造成生态破坏的,应当负责修复;无力修复的,由县级以上人民政府责令停止建设,并可以指定有关部门组织修复,修复费用由造成生态破坏的单位、个人承担。"

(三) 生态补偿制度的地方实践探索——以赣粤东江跨流域生态补偿试点为例

2005年开始,浙江省逐步推进生态补偿试点,随后,江苏、安徽等多个省份也在逐步探索生态补偿制度。2011年,财政部、原国家环保部在新安江流域启动了全国首个跨省流域生态补偿机制试点,试点期为3年。试点之后,新安江流域的水质连年达标,取得了显著的成效。新安江流域治理涉及安徽和浙江两省,安徽省黄山市是新安江流域上游的水源涵养区,浙江省杭州市是流域下游的受益区。按照流域补偿方案约定,只要安徽省出境水质达标,浙江省每年补偿安徽省1亿元。自2011年以来,包括新安江流域在内,我国已开展九洲江、汀江—韩江、东江、滦河、渭河流域等六大河流的生态补偿机制。

东江是珠江水系三大河流之一,发源于江西省赣州市境内。东江源区平均每年流入东江的水资源量占年平均径流量的10.4%。东江源头水质水量直接关系到整个东江流域的水生态安全,对保障珠三角和香港地区4000余万人的生产生活用水具有重大影响。2016年4月,国务院印发《关于健全生态保护补偿机制的意见》,明确在江西—广东东江开展跨流域生态保护补偿试点。江西、广东两省人民政府签署了《东江流域上下游横向生态补偿协议》,明确了东江流域上下游横向生态补偿期限暂定3年。随后,跨界断面水质年均值达到Ⅲ类标准水质达标率并逐年改善。

该生态补偿协议明确以庙咀里（东经115.1788°、北纬24.7013°）、兴宁电站（东经115.5590°、北纬24.6451°）两个跨省界断面为考核监测断面。考核监测指标为地表水环境质量标准中的PH、高锰酸盐指数、五日生化需氧量、氨氮、总磷等5项指标。如出现其他特征污染物,经两省协商也纳入考核指标。同时，江西、广东两省联合开展篁乡河、老城河两个跨省界断面监测评估。中国环境监测总站负责组织江西、广东两省有关环境监测部门，对跨界断面水质开展联合监测。资金补偿与水质考核结果挂钩。江西、广东两省共同设立补偿资金，每年各出资1亿元。中央财政依据考核目标完成情况拨付给江西省，专项用于东江源头水污染防治和生态环境保护与建设工作。两省共同加强补偿资金使用监管，确保补偿资金按规定使用。[1]

生态补偿目前运用较多的，是上级财政以纵向转移支付的形式，补偿重点生态功能区、生态公益林等。横向生态补偿因为涉及跨区域协调，国内近年通过试点突破开展。以东江流域为试点的跨流域生态补偿，实行了"双向补偿"的原则，即以双方确定的水质监测数据作为考核依据，当上游来水水质稳定达标或改善时，由下游拨付资金补偿上游；反之，若上游水质恶化，则由上游赔偿下游，上下游两省共同推进跨省界水体综合整治。若河流断面未完全达到年度考核目标的，将按达标河流来水量比例和不达标河流来水量比例计算补偿金额。同时，在本省内部，兼顾上游各市对水质保护贡献程度分配生态补偿资金。省财政每年安排生态补偿资金，流域内下游城市每年按照从东江取水量和人均收入筹集资金。对上游城市按照各市行政区域内东江流域面积为分配基数，兼顾各市对水质保护贡献程度进行分配。

2018年，江西省修订了《江西省流域生态补偿办法》，进一步推进河流源头区、重要生态治理区和重要湖库生态保护补偿。设立全省流域生态补偿专项预算资金，完善补偿资金增长

---

[1] "江西、广东两省签署跨流域生态补偿协议"，载http://jndsb.jxnews.com.cn/system/2016/10/20/015300554.shtml，访问时间：2019年9月7日。

第四章 我国当代企业环境责任制度的评析

机制,开展集中式饮用水水源地生态保护补偿,探索跨区域饮用水水源地生态补偿模式。探索各类水库退出人工养殖等为主要内容的水库补偿模式。结合生态保护补偿推进精准脱贫,加大对"五河一湖"及东江源头地区的生态补偿资金扶持力度。目前,江西省在森林、湿地、水流、耕地四个重点领域的生态保护补偿试点示范取得阶段性进展,初步建立生态保护补偿政策法规、标准和制度保障体系框架。

第五章

美国企业环境责任制度及其实践考察

美国在联邦以及各州的法律体系及其司法实践中对企业环境责任给予了高度关注,建立了以《国家环境政策法》为核心、以《清洁空气法》《联邦水污染控制法》《超级基金法》等为辅助的环境法律体系,对主要环境污染主体——企业的环境责任作出规范,并在具体的司法判例中加以适用,取得了积极的社会效果。美国的这种环境政策型立法形式因其比较适应环境保护的特殊性而受到日本、欧盟各国和澳大利亚等发达国家的仿效。

第一节 《国家环境政策法》

20世纪30至60年代,随着现代化学、冶炼、汽车等工业的兴起和发展,工业"三废"排放量不断增加,环境污染事件频频发生,国际著名的"八大公害"事件就发生在这一时期。[1]巨大的人身伤亡和财产损失迫使人们开始反思环境污染和破坏的问题。1962年,蕾切尔·卡逊出版的《寂静的春天》[2]一

---

[1] ①比利时马斯河谷烟雾事件(1930年12月);②美国多诺拉镇烟雾事件(1948年10月);③伦敦烟雾事件(1952年12月);④美国洛杉矶光化学烟雾事件(二战以后的每年5月至10月);⑤日本水俣病事件(1952年至1972年间断发生);⑥日本富山骨痛病事件(1931年至1972年间断发生);⑦日本四日市气喘病事件(1961年至1970年间断发生);⑧日本米糠油事件(1968年3月至8月)。

[2] Rachel Louise Carson, *Silent Spring*, The Riverside Press, 1962.

书在美国掀起了环境保护的浪潮。正如美国前副总统戈尔在《寂静的春天》的序言中说的那样:"《寂静的春天》犹如旷野中的一声呐喊,用它深切的感受、全面的研究和雄辩的论点改变了历史的进程,播下了新行动主义的种子。《寂静的春天》的出版应当恰当地被看成是现代环境运动的肇始。"

随着美国社会对环境保护的日益重视,伴随经济高速发展下的环境污染压力,美国国会于1969年颁布了《国家环境政策法》(National Environmental Policy Act,NEPA)。该法被根据其设立的美国国家环境质量委员会(the Council on Environmental Quality,CEQ)誉为"保护环境的国家基本章程"。从1970年到1987年,为了落实《国家环境政策法》关于环境影响评价的规定,美国国家环境质量委员会为之规定了详细的程序——《国家环境政策法条例》(NEPA Regulations),又称"《CEQ条例》"。《CEQ条例》被收入美国政府的《联邦条例典》(Code of Federal Regulations,CFR)40卷之中。[1]

一、《国家环境政策法》的环境目标

《国家环境政策法》第101条明确了美国的环境目标:"联邦政府将与各州、地方政府以及有关公共和私人团体合作,采取一切切实可行的手段和措施,包括财政和技术上的援助,发展和增进一般福利,创造和保持人类与自然得以和谐共处的各种条件,满足当代国民及其子孙后代对于社会、经济以及其他方面的要求。"[2]具体内容包括:①履行每一代人都作为子孙后代的环境保管人的责任;②保证为全体国民创造安全、健康、富裕并符合美学和文化要求的优美环境;③最大限度地合理利

---

[1] 40 CFR 1500-1508.

[2] 42 U.S.C.A. 4331 (a).

用环境，不得使其恶化或者对健康和安全造成危害，或者引起其他不良的和不应有的后果；④保护美国历史、文化和自然等方面的重要遗产，并尽可能保持一种能为每个人提供丰富与多样选择的环境；⑤谋求人口与资源利用的平衡，促使国民享受高度和普遍的舒适生活；⑥提高可更新资源的质量，使易枯竭资源达到最高程度的再循环。[1]

二、《国家环境政策法》的特点

（1）确立了环境影响评价制度。为了增强《国家环境政策法》的可操作性，印第安纳大学林顿·戈得维尔教授建议在该法中增加一项要求行政机关断定其行政行为的环境影响的内容。他的建议得到《国家环境政策法》提案人杰克逊参议员的采纳，并最后反映在这项法律中。这个建议就是环境影响评价制度。

《国家环境政策法》第102条还明确了为实现环境目标而授权并命令国家机构应当履行的义务，要求"对人类环境质量具有重大影响的各项提案或法律草案、建议报告以及其他重大联邦行为，均应当由负责经办的官员提供一份关于'拟议行为对环境的影响、拟议行为付诸实施将对环境产生的不可避免的不良影响、拟议行为的各种替代方案、对人类环境的区域性短期使用与维持和加强长期生命力之间的关系、拟议行为付诸实施时可能产生的无法恢复和无法补救的资源耗损'等事项的详细说明"。这个说明就是环境影响报告书，就是《国家环境政策法》关于环境影响评价制度的规定。

环境影响评价制度是《国家环境政策法》中最具创造性的制度。该制度既是为了实施国家环境政策而设计的，也是为了分

---

[1] 42 U.S.C.A. 4331 (b).

析和平衡行政机关决定的社会、经济和环境影响而制定的。事实证明，该制度对改变行政机构的行为模式和决策方式有重要影响。环境影响评价制度的主要过程包括：进行种类排除；进行环境评估；证明没有明显的环境影响；准备环境影响评价报告。环境影响评价模式不仅用于美国国内的环境执行事务，直至现在包括我国在内的许多国家还在运用。

（2）设定了环境行动和补救措施的多种替代方案。环境决策机制中的替代方案是对政治目标的确认、对决策备选方案的公布以及对最佳方案的理性选择。这种替代方案的规定通常对行政机构的决策大有好处。[1]根据环境质量委员会《国家环境政策法实施规章》的规定，美国环境影响评价的内容包括拟议行动在内的各种可供选择的方案，详细说明各种可供选择的方案是环境影响评价的核心内容，包括拟议行动（the proposed action）和替代方案（the alternatives）两类；按照替代方案的性质，它又可分为基本替代方案、二等替代方案和推迟行动三种。基本替代方案指的是以根本不同的方式实现拟议行动的目的、可以完全代替拟议行动的方案，包括不行动。二等替代方案是指在不排斥拟议行动的前提下，以不同方式实施拟议行动。推迟行动是指当拟议行动的环境影响在科学上具有不确定性时，应当谨慎地推迟行动。各种方案可能会造成的环境影响，这一部分的数据和分析必须与环境影响的程度相称。补救措施是限制、减少、弥补行动的不利环境影响的手段。这一部分的内容应当包括各种行动方案及其补救措施直接的、间接的环境后果，各种行动方案和补救措施对包括能源在内的自然资源的要求等。由此可见，美国环境影响报告书的内容考虑到了不同情况下的

---

[1] William H. Rodgers, *Environmental Law*, 2nd ed., West Publishing Co., 1994, 809.

具体应对对策，规定了多种可供选择的方案，兼顾原则性与灵活性，其制度设计技术体现了对环境影响评价的高度重视。[1]

（3）确定了环境决策的公众参与制度。公众参与是环境法的一贯主题，以《国家环境政策法》为前提，《国家环境政策法实施规章》对公众参与的程序作了详细规定，包括参与阶段、参与范围、参与人员、参与效果以及参与的限制等。例如，项目审查前不必通知公民，但审查后应通告，一般公开的时间为45天至90天；公民可以参与规划过程；规划过程开放，为公众提供信息；公民有机会得到环境影响评价文件；公民可以提交有关项目书面评论；政府机构或行动的拟议者必须对公众意见作出反应；当拟议的行动存在较大争议，或公众对听证感兴趣时，公众可要求举行听证；公众有权了解作出最后决定的理由。[2]

《国家环境政策法》虽然规定了公众参与制度，但是该制度设计的目标并不容易达成。行政机关在进行合作协商时也遇到许多困难，例如，不同的行政机关对于公众参与的时间安排、要求和模式往往不同甚至相互冲突。在开始准备项目的环境评估或者环境影响报告时，一个行政机构有时会面对执行不同法定职责的行政机关之间相互冲突的要求。针对此种情况，美国国家环保局发布了一个新的实施政策声明来帮助小社区和地区简化环境评议程序。在联邦层面，环境质量委员会则指导联邦环境管制跨机构工作组简化环境评议并确保环境评议与《国家环境政策法》的过程同时完成。[3]

美国国家环境质量委员会把《国家环境政策法》称作"保

---

[1] 马绍峰："美中环境影响评价制度比较研究——兼评我国《环境影响评价法》"，载《科技与法律》2004年第3期。

[2] 《CEQ条例》第1节第3款。

[3] 李挚萍："美国《国家环境政策法》的实施效果与历史局限性"，载《中国地质大学学报（社会科学版）》2009年第3期。

护环境的国家基本章程",[1]它为美国的环境保护设立了目标,并提供了实施政策的手段。《国家环境政策法》还是一部监督和制约行政决策的法律,它对所有联邦行政机关补充了保护环境的法律义务和责任;它规定的环境影响评价程序迫使行政机关将有关环境的行政决策公开化,并邀请公众和其他方面对该行政决策表达意见。《国家环境政策法》在美国历史上第一次为行政机关正确对待经济发展和环境保护两方面的利益和目标确定了规范标准。[2]

三、经典判例——卡尔弗特·克利夫协调委员会诉美国原子能委员会案

卡尔弗特·克利夫协调委员会诉美国原子能委员会案[3]为1971年美国上诉法院哥伦比亚特区巡回法院审理,是美国《国家环境政策法》领域的第一个经典判例,中心思想是政府部门在决策时必须考虑环境因素。

在本案中,卡尔弗特·克利夫协调委员会向哥伦比亚特区美国联邦地区法院起诉美国原子能委员会,声称原子能委员会之前采用的程序规则未能在决策时考虑环境因素,因而违反了NEPA的要求。但地区法院驳回了协调委员会的诉讼请求,协调委员会随即向美国上诉法院哥伦比亚特区巡回法院提起上诉。

上诉法院确认:原子能委员会必须修改规则,在决策时考虑环境问题。因为NEPA要求政府部门在进行决策时必须行使

---

[1] 《CEQ 条例》第 1500 条。
[2] 王曦:"论美国《国家环境政策法》对完善我国环境法制的启示",载《现代法学》2009 年第 4 期。
[3] 汪劲、严厚福、孙晓璞编译:《环境正义:丧钟为谁而鸣——美国联邦法院环境诉讼经典判例选》,北京大学出版社 2005 年版。

实质性的自由裁量权,"尽可能"地保护环境,但原子能委员会的决策规则没能做到这一点。根据以上的事实和法律规定,巡回法院法官赖特,塔姆以及鲁宾逊作出判决:撤销原判。

法院意见如下:

(1)原子能委员会设立的规则不合理。NEPA在102(2)(A)(B)中阐明了它所要求的对环境价值的考虑。整体来说,"在作出可能对人类的环境产生影响的决定时",所有的机构必须采取一个"系统的、跨学科的方法"对环境进行规划和评价。为了在决策的方程式中包含所有可能的环境因素,部门必须确定并形成方法和程序,以确保在作出决定时,在考虑经济和技术因素的同时也适当地考虑目前无法估量的环境福利和价值。102(2)(B)中的"适当的"不能被解释为减弱整部法律的强制力,或者赋予各部门广泛的自由裁量权去低估环境因素的价值。该法要求与保护我们备受威胁的环境"相适应"的考虑,而不是与幻想、习惯或其他特殊的联邦部门的关注点"相适应"的考虑。

(2)原子能委员会未尽可能考虑环境问题。环境质量委员会《国家环境政策法实施规章》规定,在一个无异议的行动中,听证会委员应当自主决定"申请和过程记录是否包括了充分的信息,委员会负责管制的工作人员对申请的审查是否适当,并可以用来支持对各种非环境因素的肯定性结论"。[1] NEPA至少要求有尽可能多的对环境因素的自动考虑。在无异议的听证会上,听证会委员不必仔细检查"详细报告书"中所包括的相同背景,但它至少应当仔细检查该报告书,以决定"委员会负责管制的工作人员进行的审查是否适当"。而且在工作人员提出建议,出现遭到抨击的相互冲突的因素时,它必须独立地考虑如

---

[1] 10. CFR. 2. 104(b).

何达到最终的平衡。

（3）原子能委员会长时间的拖延于法无据。执行 NEPA 的程序性规则的过程需要一段时间，但是该法的生效日期确实给各机构开始采纳规则设置了一段时间，它要求它们在这个过程中应当"尽可能地"迅速。原子能委员会在这方面显然是相当失败的。委员会不能以需要时间来决定听证会委员是否需要考虑环境因素为由，为它拖延履行 NEPA 的义务长达 11 个月进行辩护。

（4）原子能委员会的规则排除了对水质的考虑。国会的确认识到存在"有权制定和实施环境标准"的联邦、州和地方的机构，但仅仅赋予这些机构咨询的权利，并没有授权那些机构可以忽视 NEPA 的主体内容。像原子能委员会这样的联邦机构，依据 NEPA 之外的法律可能还负有专门的义务去遵守特别的环境标准。NEPA 第 104 条明确指出不能忽视这样的义务："第 102 和 103 条规定不得以任何方式影响联邦机构的下列具体法定义务：①遵守环境质量的规范或标准；②与其他联邦或州机构相协调或进行协商；③根据其他联邦或州机构的建议或证明，采取或禁止采取行动。"因此可见，NEPA 的第 104 条不允许原子能委员会完全放弃它应当承担的责任。

据此，法院判决：原子能委员会必须修改它考虑环境问题的规则。这并不是给委员会强加一个苛刻的负担，而是仅仅要求它以"尽可能地"保护环境的方式来行使实体性的自由裁量权。国会体现在 NEPA 中的主要目的想要变成现实，就至少应当达到上述要求。根据上述意见，撤销原判，发回重审。

第二节 《清洁空气法》

《清洁空气法》是当代美国第一部控制环境污染的法律，它创立的管理体制和管理方法对于其他联邦环境法律法规有重大的影响。

第二次世界大战后,由于空气污染问题日益严重,美国联邦政府逐渐加强对空气污染的立法控制。1955年,美国国会制定第一部联邦污染控制法律——《1955年空气污染控制法》;1963年,国会制定《1963年清洁空气法》;1967年,国会制定《1967年空气质量法》;1970年,国会制定《清洁空气法1970年修正案》;1977年,国会修订《清洁空气法》。1990年,国会再次修订《清洁空气法》。该修正案于1990年10月颁布施行。

一、《清洁空气法》的主要内容

《清洁空气法》创立了在美国联邦政府领导下的联邦政府和地方政府合作的污染控制体制,规定了从源头上预防和控制空气污染的主要责任在于州和地方政府,但是在发展和预防与控制空气污染有关的联邦、州、区域和地方的合作计划方面,联邦的财政援助和领导也是必不可少的。这种体制的特点在于由联邦政府制定标准,各州加以执行。[1]

《清洁空气法》确定了诸多项重要的环境制度:①对未达标地区空气进行污染控制。对一些空气质量问题严重的地区采取专门的政策,这就是美国一个重要的政策——"泡泡政策"[2],就是将一个特定地区内的空气污染总量比作一个"泡泡",这个地区有一定的污染物排放总量,只要总量符合要求,在这个地区的各个排放单位或一个排放单位的各个排污口之间,可以进行此消彼长的协调。"泡泡政策"是空气污染控制和经济发展两种

---

[1] 王曦:《美国环境法概论》,武汉大学出版社1992年版。
[2] 马允:"美国环境规制中的命令、激励与重构",载《中国行政管理》2017年第4期。

第五章　美国企业环境责任制度及其实践考察

利益协调的产物,已经开始为很多其他国家所采用。②优化清洁空气地区的空气污染控制。这些地区的空气质量优于国家标准,为了保存和保护这些地区,《清洁空气法》规定了"防止显著恶化(Prevention of Significant Deterioration,PSD)计划"和"能见度保护计划(Visibility Protection Program)"。"防止显著恶化计划"的主要措施有:将清洁空气地区分为三等,采取不同的标准。大型国家公园和荒野地带属于第一类区域,在这类区域内,不允许有一点空气质量恶化现象;所有其他地区属于第二类,在第二类地区内,大气浓度允许少量增高,但是不能超过全国环境空气质量标准;州长可以把他所管辖的属于第二类的区域重新划分为第一类,或者划分成第三类。在第三类区域,为了发展工业,允许大气浓度有较大幅度增高,只要不违反全国环境空气质量标准。在任何"防止显著恶化"的区域,要想建立一个带有污染的大型工程,必须经过批准。申请人必须证明他的污染排放将不会违反允许的大气浓度增高额,他还必须同意用"最有效的控制技术"控制所有污染物,不论这对于避免超出限定的浓度增长有无必要。[1]控制这种区域的空气污染的其他措施还有:规定污染物浓度最大允许增长量;对于重大的排放设施的建设采取许可证程序。③借鉴水污染排放许可制度的经验,规定了许可证制度。[2]④规定了移动源空气污染控制。对排放空气污染物的机动车和航空器加以控制,主要通过规定新车排放标准、控制现有车辆的排放、管理燃料、验证扶植低排放车等措施。⑤随着臭氧层破坏的问题日益严重,

---

[1] Roger. W.,"Findley & Daniel A. Farber",*Environmental Law*,West Publishing Co.,1988,p. 74.

[2] 《清洁空气法》1990 年修正案。

规定了臭氧层的保护。⑥对酸雨问题进行控制。[1]⑦首次在立法上确立了公民诉讼制度。《清洁空气法》第304条第a款规定："任何人可以自己的名义对任何人包括美国政府、政府机关、公司或个人等提起诉讼。"

二、《清洁空气法》的特点

（1）将科学技术作为解决空气污染问题的核心力量。美国国家环保局成立了清洁空气科学咨询委员会（Clean Air Scientific Advisory Committee，CASAC），听取其成员组织和专家学者的建议，将最新的科技成果设定为空气质量标准的基础。在设定各项标准的过程中，该法案兼顾了污染排放的各种数据指标和推行治理技术所需要的成本。此外，该法案也规定了美国国家环保局要实行一种国家通行的以数量为规格的排放标准，并允许进行排放量之间的交易。[2]同时，该法案也为清洁能源技术的推广和创新提供了大力支持。美国国家环保局针对空气污染的情况不断地收集和分析各种科学信息，并形成了一个集合污染排放、空气质量和空气污染控制的信息交换中心。在这个中心里，技术专家们不断利用大量的技术工具来进行分析，以解决污染问题并提供政策建议。其常见的分析工具包括：空气质量模型（Air Quality Modeling）、风险评估（Risk Assessment）、成本收益分析（Cost-Benefit Analyses）等。[3]

（2）重新界定政府在治理空气污染中的作用。法案努力建

---

[1] 金瑞林、汪劲：《20世纪环境法学研究评述》，北京大学出版社2003年版。
[2] U.S. EPA, Building Flexibility with Accountability into Clean Air Programs, http://www.epa.gov/air/caa/flexibility.html，访问时间：2019年7月9日。
[3] U.S. EPA, Scientific and Tenical Foundations of Clean Air Act Programs, http://www.epa.gov/air/caa/science.html，访问时间：2019年7月9日。

设联邦政府、州政府以及地方政府共同构成的合作伙伴关系。具体而言,在针对不同的污染问题时,各级政府所扮演的角色又有一定差异。

(3) 注重社会公众在空气污染防治中的参与度。政府与公众合作的一个重要形式就是通过会议、对话等方式来设计和实施法案所要推进的一些清洁空气的项目。对于监管类项目,美国国家环保局经常在规则制定之前就与各级政府成员和相关的利益团体进行讨论,在规则制定后,所有这些主体也会共同努力促进项目目标的达成。

自《清洁空气法》颁布实施以来,美国保护公共安全和推动经济增长是可以同步实行的。[1]该法案所建立和支持的环保项目降低了绝大多数有毒物质和六种主要的污染物(颗粒物、臭氧、一氧化碳、二氧化氮、二氧化硫、铅)的污染程度。自1970年至2012年,六种主要污染物的排放量降低了72%,而GDP则增长了219%。空气质量的改善成果使得许多地区开始符合了国家空气质量标准,并开始探索建立其自身的空气质量标准。[2]同时,由于空气污染带来的环境破坏也得到了有效遏制,原本的土壤荒漠化、生物链中有毒物质的沉积、淡水生物的生存威胁、水体富氧化等问题得到了很大程度的解决。[3]

三、经典判例——自然资源保护协会诉美国国家环保局案

自然资源保护协会诉美国国家环保局案主要针对美国国家

---

[1] U.S. EPA, Progress Cleaning the Air and Improving People's Health, http://www.epa.gov/air/caa/progress.html,访问时间:2019年7月9日。

[2] U.S. EPA, Air Quality and Emission Progress Conitnues in 2013, http://www.epa.gov/airtrends/aqtrends.html,访问时间:2019年7月9日。

[3] US. EPA, Second Prospective Study – 1990 to 2020, http://www.epa.gov/cleanairactbenefits/prospective2.html,访问时间:2019年7月9日。

环保局在制定氯乙烯这种大气污染物排放标准时是否可以考虑经济成本和技术因素。[1]该案的主要起因在于科学证明氯乙烯对人体健康有害以及《清洁空气法》第112条的规定具有模糊性。科学的不确定性导致无法对氯乙烯的排放确定一个绝对安全的水平，所以，美国国家环保局认为，《清洁空气法》第112条允许其考虑经济和技术因素，进而为氯乙烯选择了一个符合"最佳可行控制技术"的排放标准。随后，环境保护基金会针对美国国家环保局颁布的氯乙烯排放标准向法院提起诉讼，《清洁空气法》第112条不允许考虑经济成本和技术因素，要求美国国家环保局在制定氯乙烯的排放标准时只能考虑健康因素。最后，环境保护基金会与美国国家环保局达成和解协议，要求美国国家环保局进一步提高氯乙烯的排放标准。据此，美国国家环保局于1977年提出了氯乙烯排放的新建议标准，但在随后的七年间并没有采取进一步的实质行动，并于1985年基于经济和技术因素考虑而撤回了1977年的建议标准。自然资源保护协会诉美国国家环保局案就是由于美国国家环保局的该项撤回行为而引发的。

在该案中，自然资源保护协会坚持认为，根据《清洁空气法》第112条的规定，美国国家环保局只能基于健康因素作出决定，而且有害物质对人体健康损害的科学不确定性要求美国国家环保局禁止任何排放。但是，美国国家环保局则认为，面对科学不确定性，其已被授权制定排放标准以将排放减少到最佳可行控制技术所能达到的最低水平，即使有害污染物质在该水平以下对人体健康也存在损害。美国国家环保局认为，氯乙烯是典型的没有安全阈值的有害大气污染物，任何非零排放都可能造成健康损害。在这种情况下，美国国家环保局有两种选

---

[1] Natural Resources Defense Council, Inc. v. U. S. Environmental Protection Agency,《联邦上诉法院判例汇编》第2集第824卷，第1146页。

择：一是禁止排放以保证绝对的健康安全；二是允许将排放减至最佳可行控制技术所能实现的最低水平。但是，禁止排放将导致大规模的企业关闭，进而使减排的成本远远超出其排放的收益。因此，美国国家环保局选择第二种方法。

对于二者的争论，哥伦比亚巡回法院认为，从法律文本和立法史料中无法看出国会旨在要求完全禁止无阈值有害污染物的排放。①在法律文本方面，《清洁空气法》第112条要求美国国家环保局基于自己的"判断"来为某一"有害大气污染物"设定一个可以提供"充足的安全余地"的"排放标准"。国会使用的"充足的安全余地"一词与自然资源保护协会认为美国国家环保局面对科学不确定性时没有自由裁量权的观点不相符。虽然法律本身并没有界定"充足的安全余地"的含义，但是在讨论《清洁空气法》第109条大气质量标准时，参议院报告将"安全余地"标准的目的解释为针对尚未确定的有害物质提供"一个合理保护水平"的标准，而不是完全禁止。并且，"安全"并不意味着"无风险"，国会使用"安全"一词明显意味着其并不旨在使美国国家环保局禁止无阈值污染物的任何排放。②从立法史料方面看，国会也明显不要求美国国家环保局禁止所有无阈值污染物的排放。尽管在参议院的提案中曾经要求美国国家环保局禁止有害污染物的任何排放，除非能够证明排放不会对人体健康造成危害。但是，《清洁空气法》第112条的最终版本删除了"禁止排放"的字样，而代之以"根据自己的判断为保护公众健康提供一个充分的安全余地"。因此，国会实际上拒绝了禁止排放的规定而采纳了一个将决定置于美国国家环保局裁量范围内的规定。[1]如果接受自然资源保护协会的观点，要求美

---

〔1〕《联邦上诉法院判例汇编》第2集第824卷，第1152~1154页。

国国家环保局禁止无阈值污染物的任何排放,则意味着国会不经过相关的讨论就通过关闭所有的企业来强制进行大规模的社会财富再分配,这不是对立法史料的一种合理解读。国会也不可能在没有一个代表或参议员提议的情况下将这种可能带来灾难性后果的行政命令施于美国的经济领域。尽管如此,相关立法史料同样也没有明确支持美国国家环保局的主张,即美国国家环保局在制定无阈值污染物的排放标准时应当考虑经济和技术因素。

法院通过考察总结到,在关于《清洁空气法》第 112 条是否允许美国国家环保局考虑"经济和技术可行性"的问题上,立法史料明显是"模棱两可"的。[1]法院无法从《清洁空气法》第 112 条的文本和立法史料中发现国会的清晰意图。但是,国会毕竟已授权美国国家环保局进行自由裁量,美国国家环保局根据《清洁空气法》第 112 条制定排放标准是可以考虑成本和技术因素的。因此,法院要求美国国家环保局对成本和技术因素的考虑应具有适当性,因为美国国家环保局此时已经"冒险进入了一个不被允许的地带",毕竟《清洁空气法》第 112 条要求美国国家环保局在面对健康损害科学不确定性时应把"健康"而不是"技术"和"经济"作为"主要的"考虑因素。[2]

在此基础上,法院制定了一个"两步程序"来确定何时考虑经济和技术因素是合理的。第一步,要求美国国家环保局确定"何为安全"。在这一阶段,美国国家环保局应当把"健康风险"作为"唯一"的考虑因素,而不允许考虑任何经济和技术层面的因素。第二步,美国国家环保局在确定何为"安全"之后,进一步考虑经济和技术因素以确定一个"充分的安全余地"。在这一阶段,美国国家环保局应当考虑风险评估的内在局

---

[1]《联邦上诉法院判例汇编》第 2 集第 824 卷,第 1157 页。
[2]《联邦上诉法院判例汇编》第 2 集第 824 卷,第 1163~1164 页。

限性和关于不同水平上暴露效果的科学知识的有限性，进而在前一步确定的安全水平下设置一个排放水平。[1]

所以，在自然资源保护协会诉美国国家环保局案中，由哥伦比亚特区巡回法院全体法官所作的判决既没有完全支持自然资源保护协会的主张，也没有完全肯定美国国家环保局的主张，而是在整体上肯定《清洁空气法》第112条允许美国国家环保局在制定有害大气污染物的排放标准时除主要考虑健康风险外还应考虑相应的经济和技术因素。但在此过程中，美国国家环保局绝非为所欲为，而应受到相应的限制，即在确定安全标准时不应考虑经济和技术因素，当安全标准确定后才能考虑经济和技术因素，以设置一个具有"充分安全余地"的标准。但是，法院的判决也存在明显的缺陷和不足，即在"确定何为安全"方面无法自圆其说。法院认为美国国家环保局在确定可接受的安全风险水平时只能考虑健康因素，而不能考虑经济和技术因素。但是，对于无阈值的有害大气污染物而言，问题的关键在于即便采用科学手段也根本无法确定何种程度的污染物是安全的。要想追求绝对的安全，就必须实施污染物的零排放。但法院也承认这不可能是国会在制定该条款时的宗旨。所以，美国国家环保局只能选择一个相对安全的可接受的风险水平。这种选择的过程将无法避免地对经济和技术因素予以考虑。

第三节 《联邦水污染控制法》

《联邦水污染控制法》（Federal Water Pollution Control Act），也称《清洁水法》（Clean Water Act），它在整个美国水污染控制

---

[1] 《联邦上诉法院判例汇编》第2集第824卷，第1165页。

法律体系中居于主要地位。《联邦水污染控制法》的立法目的是恢复和维持国家水域的化学、物理和生物成分的完整性。该法的国家目标是为建设公共的污水处理设施进行投资，制定非点状污染源规划，以及使美国的水域适合于捕鱼和游泳。1965年，国会通过一项名为《水质法》（Water Quality Act）的《联邦水污染控制法》（修正案）。该修正案首次采用直接以水质标准为依据进行水污染管理的方法。1972年，由于《联邦水污染控制法》在控制水污染方面作用甚微，国会以一项名为《清洁水法》的修正案对它作了几乎等于重写的大幅度修订。修订后的《清洁水法》为美国的水污染控制提供了前所未有的法律保障。此后，在1977年和1987年，国会又对该法进行了两次修正。2015年，联邦政府与环境保护署、陆军工程师兵团合作，对《清洁水法案》规定比较模糊的问题进行了探讨。探讨的结果是，联邦政府、环境保护署和陆军工程师兵团都支持1987年《清洁水法案》适用于整个河流流域，包括河流的支流系统，以及所有流域湿地。河流的主管部门设定相邻湿地的具体参数，以确定哪些湿地将受到联邦政府的保护。2017年，环境保护署决定终止对"短暂性"河流的保护，即使这些河流可能会流入较大河流并且可能带来污染。他们认为这对于西部各州的干旱地区具有特殊意义，因为这些地方的河流仅在明显降雨或者融雪时才存在。

一、《联邦水污染控制法》主要内容

基于《宪法》和《联邦水污染控制法》的规定，联邦政府负责水资源管理的总体政策和规章的制定，由各州负责具体的实施，这样联邦政府就拥有了水污染治理的主导权。在联邦一级，联邦环保局内设有水污染防治的水办公室，全面管理水环

境,其他部门如水土保持局和国家海洋与大气管理局等享有部分的水资源管理职权。对于水污染的防治,联邦环保局的决定享有优先权,其他部门在履行职责时,应遵守联邦和联邦环保局的有关法律法规,必要时,还应听取联邦环保局的意见。联邦环保局的主要职责包括:发放污染排放许可证、制定国家饮用水标准、协助各州制定水质标准、管理用来补贴兴建污水处理场费用的项目等。在联邦政府和地方政府的关系上,地方政府遵守和执行联邦制定的法律法规,在不与联邦政府法律法规冲突的前提下,也针对当地的具体情况制定地方法规。联邦政府可以对水环境行使直接的管理权,或者将管理权授权给州或者地方政府。

《联邦水污染控制法》针对不同的污染源制定了不同的控制规划,主要有:点状污染源(point sources)控制、非点状污染源(non-point sources)控制和其他项目管理三项内容。其中,对于点状污染源的控制是最重要的,点状污染源是指"任何可辨认的、可控制的和分立的排放或者可以排放污染物的输送设施"。对于点状污染源的控制主要是通过出水限度制度和排放许可证制度来实施的。[1]根据该法第301条的规定,除了公共拥有的处理设施之外,要求所有点状污染源使用"最佳控制技术"来控制水污染。[2]该法要求各州辨别水体,如果对非点状污染源的污染物不加控制,就不可能达到水质标准,并要求各州建立管理水体的规划。规划要包括对各类污染源实行"最佳管理"、执行进展情况时间表和适当的管理措施。[3]第402条规

---

[1] 王曦:《美国环境法概论》,武汉大学出版社1992年版。
[2] Roger W. Findley & Daniel. A. Farber, *Environmental Law*, 2nd ed., West Publishing Co, 1988, p. 101.
[3] Roger W. Findley & Daniel. A. Farber, *Environmental Law*, 2nd ed., West Publishing Co, 1988, pp. 106~107.

定了"国家污染物排放清除系统（NPDES）"许可证制度，要求任何人向美国的水域从一个点源排放污染物，必须获得国家污染物排放清除系统的许可证，否则就是违法的。例如，市政污水系统、市政企业雨水收集系统、工业和商业设施、规模化养殖场这些都是比较典型的点源污染排放设施，在排放污染物时应适用 NPDES 许可证的规定。NPDES 许可证的颁发主要依据技术、水质和健康这三个标准。联邦环保局和州政府合作实施 NPDES，《联邦水污染控制法》规定了联邦环保局是实施 NPDES 许可证制度的机构，但也规定联邦环保局可以将 NPDES 许可证的实施授权给州政府。同时，为了保障 NPDES 的有效实施，《联邦水污染控制法》授权给联邦环保局和州政府相应的监察权。对于不遵守 NPDES 许可证的行为，联邦和州政府可以对其采取作出行政命令，提起行政处罚、提起诉讼等措施。[1]

《联邦水污染控制法》中规定的水质标准由指定用途、水质基准以及反降级政策这三部分组成。其中"指定用途"是指各州和被授权的印第安部落要详细地规定水体的适当用途，必须识别和指定州内各水体是被怎样使用的。"水质基准"是指环境中排放的污染物对特定对象（人或其他生物）不造成危害的最大浓度或者剂量。"反降级政策"制定的目的是防治现有状况良好的水质恶化。[2]对于环境公益诉讼的原告资格，《联邦水污染控制法》将原告资格认定为"其利益受到严重影响或者存在受到严重影响的可能性者"。美国的环境公益诉讼中的被告包括两类：美国私人企业、美国政府以及各个政府机关在内的污染源

---

[1] 徐祥民、陈冬："NPDES：美国水污染防治法的核心"，载《科技与法律》2004 年第 1 期。

[2] 席北斗："美国水质标准体系及其对我国水环境保护的启示"，载《环境科学与技术》2011 年第 5 期。

为被告；另一类是美国环境保护署署长。其中将美国环境保护署署长作为被告时主要是指其在环境保护过程中的不作为，并且这种不作为与自由裁量权无关。《联邦水污染控制法》加强了联邦政府在控制水污染方面的权力和作用，建立了一个由联邦政府制定基本政策和排放限值，并由州政府实施的管理体制；采用了以污染控制技术为基础的排放限值和水质标准相结合的管理方法，改变了过去纯粹以水质标准为依据的管理方法。[1]

二、《联邦水污染控制法》的特点

《联邦水污染控制法》是一部综合性的控制水污染的法律，它集水污染的行政管理（其中详细地规定了环保局长的各种职权，污染物排放标准的制定，在各年度内污染控制需要实现的目标及联邦授权补贴的资金数额，联邦开展的关于水污染的科学研究等）、技术控制（综合规定了最佳控制技术、最佳可用技术、最佳实用技术）和污染纠纷的处理与救济程序于一体。

《联邦水污染控制法》实行重点区域与项目的分别控制，对于水污染严重的区域（如五大湖区、长岛桑得河、河口水域等）及特定行业（如农业、渔业、海洋航运业等）进行重点控制。

《联邦水污染控制法》注重环境行政决策程序中的公民参与。该法规定了相关污染管理决策的听证制度、环境公益诉讼制度、环境标准与信息发布制度，这为公民参与环境管理确立了法律基础。

---

[1] 周扬胜、安华："美国的环境标准"，载 http://www.lncpc.com.cn/pyint.asp? id＝894&fid04＝894&urllink＝zcfg&zid01＝3&fid02＝7&fid03＝17&Page＝，访问时间：2019年7月9日。

三、经典案例——地球之友诉莱德劳公司案

地球之友（Friends of the Earth）依据《联邦水污染控制法》中的公民诉讼条款对国家污染排放清除系统的持有人提起诉讼，声称被告莱德劳公司违反了汞的排放限制，将排放许可之外的各种污染物（尤其是汞）大量排放进北泰格河，要求排放禁令、民事赔偿并承担诉讼费用和律师费。该案从区法院到第四巡回法院并一直上诉到联邦最高法院。[1]

1992年4月10日，原告地球之友和地方公民环境行动（Citizens Local Environmental Action Network）以及塞拉俱乐部（Sierra Club）通知莱德劳公司，将对它提起公民诉讼，在通知发出60日之后，美国联邦环境署健康与环境管理处和莱德劳公司达成了协议，以支付100 000美元和尽力遵守排放限制的条件达成了解决问题的合意。[2]1992年6月12日，地球之友首先在区法院提起公民诉讼，诉称莱德劳公司没有按照国家污染物排放限制许可的要求排放，并寻求宣告性和禁止性的法律救济以及民事赔偿。莱德劳公司根据美国《宪法》第3条"案件与争端"的第2款第1项规定，认为原告缺乏诉讼资格要求即决判决。[3]在通过审查原告机构成员的宣誓书和证词后，地区法院认为原告具有诉讼资格，该案也不因健康和环境管理局的先行处罚而丧失诉由。但是，地区法院认定莱德劳公司在诉讼开始前已经实质上遵守了排放限制的规定，因而拒绝作出禁止性的法律救济。

---

[1] Friends of the Earth, Inc. v. Laid law Envtl. Serv., Inc. 528 U.S. 167, 175 (2000).
[2] Friends of the Earth, Inc. v. Laid law Envtl. Serv., Inc. 528 U.S. 167, 176 (2000).
[3] 即决判决（Summary Judgment）是由诉讼一方提起的动议，在法院判决之前，可以要求法院作出即决，判定案件因为没有事实材料的问题而不存在。

原告不服地区法院的判决，上诉至第四巡回法院。第四巡回法院撤销了区法院的判决，发回重审。其案件重审指导意见认为，地球之友最初是具有诉讼资格的，但是，莱德劳公司后来遵守了排放限制的规定，因而整件案件的诉由已经消灭。根据莱德劳公司的说法，全部设备都永久地关闭并出售，所有设备的排放已经永久地停止。在诉讼过程中，区法院认定了原告的诉讼主体资格，而第四巡回法院却将诉讼资格与诉由消灭联系起来，认为因诉由消灭，原告最初享有的诉讼资格丧失。两个法院对同一个争议作出了不同的认定，案件上诉到最高法院。

最高法院认为认定本案诉讼资格问题——诉讼资格与诉由消失之间的区别是本案的焦点问题。最高法院认为，第四巡回法院判定"一旦被诉者被诉后遵守排放规定，那么公民诉讼者诉由就消灭"的结论是错误的。最高法院从四个方面进行了解释和认定：①美国《宪法》第3条"案例和争端"有关联邦司法权限制的条款阐明了诉讼资格和诉由消灭的含义，但是这两个概念在重要方面有着显著的区别。第四巡回法院信服案件诉由消灭，因而认定原告具有初始的诉讼资格。但是其理由并不充分，因而最高法院有义务再次确认地球之友的诉讼资格。②地球之友有提起诉讼的主体资格。最高法院认为，一个组织的起诉资格是代表其成员的，当其成员有起诉资格，其受到威胁的利益与组织存在的目的相关，并且提起诉讼或者救济都不需要个人参与，那么这个组织就可以提起诉讼。地球之友符合前述条件，因而其诉因以及损害具备可救济性。③莱德劳公司认为原告寻求的民事赔偿应支付给政府而不是给原告，因而其不具有诉讼资格。最高法院认为，对那些因为非法的行为而受到伤害或者可能受到威胁的公民原告而言，通过法院判决来制裁排污者或者终止排污者的加害行为也是给予公民原告的补偿形式。④地球之友要求的民事赔偿之诉由并不会因为莱德劳公司实质上遵守了限制而自动消灭。被告诉讼期间自愿停止加害行为并不会使法院丧失对其加害行为加以确定的权力。但因为被告自动停止侵害的事实会导致法院可能的判决结果失去执行的必要。因此,最高院有必要确立因被告诉讼期间主动停止加害行为是否导致原告诉由消失的标准。

最高法院认为,如果被告在诉讼期间自动停止侵害,并且其被诉的行为可以被合理认为不会再次发生,才可以适用诉由消灭。但是,被告必须向法院提供其被诉行为不会再次发生的证据。第四巡回法院将最初诉讼资格和诉讼中诉由消失情形等同,实际上剥夺了原告通过诉讼证明其损害事实存在的权利。同时也不当免除了被告证明其加害行为不会再次发生的证明义务。最高法院在判决中进一步指出,诉讼资格审查是为了保证所有联邦的诉讼资源都能用于当一方有具体利益争议的解决中,如果因为诉讼中的诉由消失而直接否认原告的诉讼资格,可能导致同一事由再次诉讼的发生,从而浪费诉讼资源。[1]

综上所述,最高法院认定了地球之友具有本案诉讼的主体资格,因为其代表的成员的利益受到了事实上的损害,这种损害同时也是与该组织存在目的相关联的,符合美国《宪法》第3条有关诉讼资格的规定。最高法院通过本案的判决,确立了"诉由消失规则"。最高法院认为,作为机构组织诉讼者,其成员的利益的损害与组织存在的目的相关,同时诉讼不由单独的个人进行也符合公民诉讼的目的。作为最高法院审判的案件,其判决结果直接影响着后来的类似案件的判决。本案判决确立

---

〔1〕 Friends of the Earth, Inc. v. Laid law Envtl. Serv., Inc. 528 U. S. 167, 176 (2000).

的行政处理与诉由消失认定的理由成为类似案件处理的基本准则。在公民诉讼民事赔偿方面，所诉求的民事赔偿即便是应当支付给政府的，公民诉讼之诉求也应当认定具有可补偿性；在原告申请禁止性或宣告性法律救济的情形下，其诉讼资格不能因为被诉者遵守了排放限制而自动消灭等。[1]

第四节 《超级基金法》

1976年，美国国会通过的《资源保护和恢复法》授权美国国家环保局对危险废弃物实施从"摇篮到坟墓"的管制。[2]然而，1978年爆发的纽约拉芙运河事件，[3]使得公众开始关注那些堆放有有害物质的废弃地块所可能蕴含的环境隐患，也令全社会意识到现行环境法律体系在应对历史遗留污染场地时的乏力。[4]为解决此类问题，美国国会在1980年出台了《综合环境反应、赔偿与责任法》（CERCLA，简称《超级基金法》），并在联邦层面创设专项治理基金（称超级基金）用以清理有害物质的释放与可能存在的释放威胁。其立法目的包括：①通过清理污染区域来保护自然环境与人类健康；②确保责任方承担污染

---

〔1〕 Friends of the Earth, Inc. v. Laid law Envtl. Serv., Inc. 528 U.S. 167, 177 (2000).

〔2〕 [美]罗伯特·V. 珀西瓦尔：《美国环境法——联邦最高法院法官教程》，赵绘宇译，法律出版社2014年版。

〔3〕 20世纪70年代开始，运河周边居民逐渐出现了一些健康问题，经调查发现，20世纪40年代至50年代，胡克公司在附近购买了一块16英亩的土地作为废弃垃圾场，以当时合法的手段对废物进行了处理，之后该公司以1美元的价格将土地卖给了尼亚加拉瀑布教育委员会修建学校和房屋。由于被掩埋的化学废物渗入土壤和地表底层，对环境和周边居民的健康造成了严重的威胁，纽约健康委员会于1978年宣布该土地及其附近区域为健康危险区。

〔4〕 于泽瀚："美国环境执法和解制度探究"，载《行政法学研究》2019年第1期。

区域的环境清理成本。[1]《超级基金法》因其溯及既往式的严格责任机制以及较为完善的应急反应程序与资金机制而闻名遐迩,鉴于超级基金法所蕴含的制度魅力与现实成效,其也成为世界各国在解决历史遗留污染场地治理领域中竞相效仿的立法先例。[2]

1986年,国会通过了《超级基金修正与再授权法》(SARA)。该法在超级基金的资金来源、清理及和解程序等方面进行了修正和补充,在一定程度上改善了超级基金法在实施初期的不足,推动了该法的实施和污染场地的治理。但是,由于超级基金法过于苛刻的责任界定、污染程度评估和清洁费用预测的模糊性,买方大多回避污染地区的土地,同时大量已被污染的土地被抛弃,使得大量轻微污染土地演变为经济和社会的边缘地带。为了解决这一问题,2002年通过的《小规模企业责任减免和棕色地块振兴法》授权美国国家环保局发起了棕色地块项目。[3]《小规模企业责任减轻和棕色地块振兴法》对棕色地块利用的相关责任进行了全面的规定,同时也增添了潜在善意购买人、轻微责任方、城镇固体废物产生人、毗邻不动产所有人的免责条款,缓和了超级基金法的严格责任,使其更加符合现实的需要。

一、《超级基金法》主要内容

《超级基金法》对排放到环境中的有害物质的责任、赔偿、清理和紧急反应以及弃置不用的有害废物处置场所的清理作了

---

[1] What is Superfund? https://www.epa.gov/superfund/what-superfund,访问时间:2019年7月9日。

[2] Robert V. Percival, "CERCLA in a Global Context", *Southwestern Law Review*, Vol 41, 2012, pp.730~772.

[3] "棕地"是指因含有或可能含有危害性物质、污染物或致污物而使得扩张、再开发或再利用变得复杂的不动产。

规定，即明确规定了排放到环境中的有害物质的治理者、治理行动、治理计划、治理责任、治理费用和其他治理要求，建立了比较完备的环境损害反应机制、危险物质信托基金制度、环境损害严格责任制度。

（1）美国联邦《超级基金法》以及各州制定的超级基金法共同构成了完整的美国环境损害反应制度。美国国家环保局局长可以发布命令，将那些可能渗透进入环境并造成公众健康、福利和环境的实质性危害的物质指定为"危险物质"，并由危险物质的所有权人对其总量和类别向环境保护局报告，联邦可以对危险物质的紧急处理作出反应并参与对渗透场所的清理工作。为此美国国家环保局专门制定了《国家优先权名单》对危险物质予以指定。[1]

（2）由于治理有害物质的泄露和清理污染场所需要大量的资金，《超级基金法》设立了"超级基金"。超级基金的初始基金为16亿美元，主要来源于两个方面：一是来自对生产石油产品和某些无机化学制品的行业征收的专门税，共有13.8亿元；二是来自联邦财政拨款，共有2.2亿美元。1988年在《超级基金修正与再授权法》中，将这一基金增加到85亿美元。[2]超级基金由"有害物质信托基金"和"关闭后信托基金"两部分组成。"有害物质信托基金"的初始资金来自联邦拨款和对生产、进口有害物质的石油、化工行业征收的专门税。基金主要用于自然资源损伤、破坏和灭失所造成的损害赔偿，即超级基金资助清理措施、为消除污染和恢复环境的作业支付费用；但只有

---

[1] Roger. W. Findley & Daniel. A. Farber, *Environmental Law*, 2nd ed., West Publishing Co, 1988, p. 170.

[2] Roger. W. Findley & Daniel. A. Farber, *Environmental Law*, 2nd ed., West Publishing Co, 1988, pp. 170~171.

当责任人不能查实时,基金才承担有害废物的清除费用;治理者按国家应急计划的治理行动费用可从此基金得到补偿,基金会在付出补偿费后取得代位权,根据代位权可向有关的费用承担者追索治理费用。"关闭后信托基金"来自对有害废物处置场所征收的专门税,它只适用于已经停运的场所,该场所已经过维修、上缴了专门税并关闭,因此责任就从该场所的私人拥有者转向了联邦政府即基金,基金将承担设备或场所的所有者和操作者对第三者造成的个人损害和财产损害的全部责任。[1]

(3) 确立了由造成危险物质泄漏者承担全部清理和恢复原状责任的制度。根据《超级基金法》的规定,下列人负有承担费用的责任:设施所有人或营运人;在处置有害废物时拥有或营运该处置设施的人;通过合同、协议或其他方式以他方拥有或营运的设施处置、处理有害物质或为处理、处置本人或其他主体拥有危险物质安排运输的人;为发生或有发生泄露之虞的处置、处理设施接受并运输用于处置、处理危险物质的人。根据该法的上述条款和有关的判例,许多人可能被认为是"潜在的责任人"。他们包括:污染场所的现有所有者;该场所在当初被污染时的所有者,有关废物处理设施原有的所有者或营运人;产生废物的工业活动操作者;废物运输者和废物商人;参与有害物质处置或有关管理决策的公司官员。责任人应当承担的费用包括:联邦政府、州政府符合《国家应急计划》规定的消除和救助行动的费用;因自然资源的损伤、破坏和灭失而承担的损害赔偿费用,包括由于这种泄露所致自然资源的损伤、破坏和灭失的合理的评估费用;根据《超级基金法》第 104 条规定的有关健康评价或健康影响研究的费用。《超级基金法》将对自

---

[1] 蔡守秋:"论环境民事责任体制",载 http://sub.whu.edu.cn/sqcai/talks/t10.htm,访问时间:2019 年 7 月 9 日。

然资源损害的民事责任确定为严格的（即不管行为是否有过错或过失）、有追溯力的、连带的民事责任。《超级基金法》规定不论有害物质的泄露是否由责任人的过失所致均应承担治理费用，但在下列情况下允许法定的辩护：不可抗力；战争行为；第三者的作为或不作为；上述三种原因的混合。

二、经典案例——纽约州诉海滨房地产公司和唐纳德·利奥格兰德案

海滨房地产公司签订一份合同，购买了一块土地用于开发房地产，这块土地的中心地带有五个巨大的垃圾箱，储存了70万加仑危险化学物质，垃圾桶装载了《超级基金法》管制范围之内的危险物质。[1]海滨公司在购买房产之前，委托了环境机构对地块进行环境研究。作为环境顾问的WTM管理公司出具的报告指出，该土地上的废物设施已经破旧，且过去几乎没有得到任何预防性的维修，设施严重老化，现场已经有几种危险废物泄漏，如果现在的承租人停止经营并且把危险物质留在原地，那么相当于给土地留下了巨大的隐患。如果想要彻底清除这些废弃物，就需要担负高额的环境成本，这会给新的业主带来巨大的威胁。知情的海滨公司获得了土地产权后，发现化学物质在此地泄露，就清理了先前泄露造成的损害，但是对垃圾箱中存在的危险废物没有进行处理，导致泄露越来越多，后续也没有采取任何清除行动。

1984年2月29日，纽约州对海滨房地产公司以及该公司的董事长和唯一的股东唐纳德·利奥格兰德提起诉讼，要求该公

---

[1]《超级基金法》中的"危险物质"几乎包括了所有主要联邦环境立法中的污染物，如有毒、易燃、易发生反应或易腐蚀物质等。

司承担危险废物清除的责任。此案最终上诉至美国第二巡回法院，经过详细的分析和辩论之后，巡回法院最终针对本案双方争议焦点问题作出了明确回答，认为虽然海滨公司和唐纳德·利奥格兰德都没有参与到将70万加仑危险废弃物的产生和运输的污染的实际行动中，但是该公司在获得这个地点的使用权时，唐纳德·利奥格兰德已经知道在这个地点上存放了危险废物，因此根据《超级基金法》最终维持原判，要求海滨房地产公司和唐纳德·利奥格兰德承担全部责任。[1]

本案的第一个争议焦点：土地买受人对先前行为人导致的污染是否承担责任。海滨公司认为，公司不属于《超级基金法》所规定的潜在责任人。公司是以房地产开发的目的获得土地的，没有参与到70万加仑危险废物的产生和运输中，没有在这个设施上造成现在的状况或者危险物质的泄露，[2]并且声称107条（a）（1）并没有打算包括所有的所有人，因为在（a）（2）中规定的是"在处置时"的所有人。[3]对于买受了污染地块的企业责任的规定，虽然可以根据买受人的地位以及对棕色地块污染起到的作用比照潜在责任人中的规定进行归责，但是潜在责任人中并没有独立规定"污染地块买受人"的责任，并且法律规定存在模糊性，这就导致在具体认定归责主体时，产生对法律理解不一致的情形，在判断买受人是否担责时应不应该考虑买受人的行为和污染结果之间存在因果关系，在法律中也没明确规定什么情况下需要认定因果关系，这就使判决中对于责任

---

〔1〕 汪劲、严厚福、孙晓璞编译：《环境正义：丧钟为谁而鸣——美国联邦法院环境诉讼经典判例选》，北京大学出版社2005年版。

〔2〕 设施的定义包括：任何建筑物、结构、安装、设备、管道或管道井、坑、池塘、泻湖、蓄水池、沟渠、垃圾填埋场、储存容器、机动车辆飞机。

〔3〕 根据《超级基金法》第107条（a）（2）条规定："任何在处置危险物质时拥有或经营、处置有害物质的改施的人。"

第五章　美国企业环境责任制度及其实践考察

主体的认定产生争议,为追究棕色地块污染者责任埋下了隐患。

此外,海滨公司还提出一个《超级基金法》规定的积极的抗辩,因为《超级基金法》规定了一项免责事由,即如果泄露或泄露危险仅仅是由第三方,而不是被告的雇员、代理人、直接或间接与被告有合同关系的人的行为或过错造成的,并且如果被告有证据证明他已经对有关的有害物质尽到了合理的注意义务,且根据相关事实和情况考虑了有害物质的特征就可以免责。海滨公司认为他们对可预见的第三人的行为、过错及结果,都采取了预防措施,尽到了合理的注意义务,因此要求由"第三人"承担责任。[1]

法院认为,虽然海滨公司不是最初污染地块的环境制造者,但公司在接到相关机构的环境报告时,明知本污染地块的状态仍然签订协议取得了该地块,作为房地产公司在开发项目时本应当考虑未来的房地产业主的环境利益,因此,公司在进行房地产开发前就有对环境污染进行清除的责任。据此,法院认为,公司作为污染地块的买受人完全符合《超级基金法》所规定的"为发生或有发生泄露之虞的处置、处理危险物质的人"的范围,属于承担污染清除的责任人。

本案的第二个争议焦点:公司的股东是否与公司一起承担连带责任?对于造成的损害,公司的负责人是否要与公司一起承担连带责任?法院对于是否能以"刺破公司面纱"让唐纳德·利奥格兰德承担责任产生了争论,原判决法院认为应当忽视公司的形式,以唐纳德·利奥格兰德作为责任人,上诉法院认为,除非对方当事人能够证明公司的名义被用于欺诈,或者被作为执行个人而不是公司的商业目的的手段,否则不能忽视

---

[1] Public Laws for the current Congress. Code2000, chapter21 title42 (b) (3).

公司的形式。法院认为，即使不采取"刺破公司面纱"的形式，一个控制公司的行为并且在这个行为中作为一个积极的个人参与者的公司董事长也应当对公司的侵权行为负责。由于唐纳德·利奥格兰德指导、批准并且积极地参与了海滨公司持续的妨害行为，[1]因此，法院判决时不仅仅因为他是海滨公司的董事长就让他承担责任。在美国的责任主体认定制度中没有对于股东责任的规定，在此案之前也没有相关的司法判例，这是第一次明确用判例的形式将股东的责任合法化，要求股东只要符合一定的条件，就应该与买受企业一同承担连带责任。

---

[1] Escude Cruz v. Ortho Pharmaceutical Crop., 619 F. 2d 902. 907 (Ist Cir. 1980).

第六章
德国企业环境责任制度考察

德国有关环境责任制度的法律渊源比较多元，作为欧盟的成员国，其环境责任法律体系包括国内法、欧盟法、国际公约等法律渊源，有的可以直接适用，有的则是转化适用。立体化、多层面的环境法律体系对主要环境污染主体——企业的环境责任作出规范。

第一节 《联邦污染防治法》

德国环境法的历史可追溯到19世纪，如在中世纪时通过王权对水利资源进行管理，或者是1845年《普鲁士一般工商业条例》中有关污染防治的规定。直到20世纪70年代，德国政界开始系统关注环境法问题，陆续颁布了环境纲领、废物法、联邦污染防治法、联邦自然保护法、核能法、水资源法、化学品法等。

德国《联邦污染防治法》主要对大型的工业企业进行约束，为其制定排放标准。其立法目的是保护人类、动物、植物、土地、水、大气、农作物和其他物体免受有害的环境影响，并对需要被监测的设备可能有的危害或明显不利采取保护措施，预防有害的环境影响。[1]

---

[1] 徐鹏博:"中德环境立法差异及对我国的启示"，载《河北法学》2013年第7期。

具体内容主要包括：《必须许可的设施条例》（《联邦污染防治法》第4条）、《许可程序条例》（《联邦污染防治法》第9条）以及关于空气质量标准和污染排放物限值的条例（《联邦污染防治法》第39条）。虽然约束行政机关和企业的具体规范来自德国国内法，但有关环保义务的实体内容则主要由欧盟法规定。目前估计有70%～80%的环境法律规范是由欧盟法规定的。欧盟通过《欧盟工作方式条约》第191条至193条的规定获得了环境法的立法权限。环境法在欧盟法上的典型法律渊源是指令，其立法目的对成员国具有约束力，但成员国可以决定实现立法目的的方式和手段。《联邦污染防治法》也受到了欧盟指令的影响。其中，特别重要的是《欧盟空气质量指令》。[1]其于2008年6月11日生效并取代了当时有效的《空气质量框架指令》，该指令规定了改善空气质量的目标、方法和措施，还包括了三个从属的子指令，[2]分别对特定的有害物质的极值作了具体规定。

一、《联邦污染防治法》的基本原则

（1）与企业合作原则。德国《联邦污染防治法》确立了风险预防原则、污染者付费原则与企业合作原则。风险预防原则是现代环境法的最古老的原则，该原则致力于预见性地防范仅仅具有可能性的危害。污染者付费原则也属于传统原则，其基本含义是造成环境损害的污染者应当承担相应的责任，使得利用和污染环境的成本内部化。具有本国特色的原则就是与企业合作原则。该原则的出发点是：环境保护目标最好是通过与企业合作而非由政府独立地实现。在相关的环境立法中要尽可能

---

[1] 欧盟第2008/50/EG号指令。
[2] 欧盟第1999/30/EG，第2000/69/EG和第2002/3/EG号指令。

地给政府和企业之间的约定和自愿协议提供法律依据。当然，从法律的执行力角度看，赋予国家寻求与企业合作的环境保护方案的职权，能够提高政府的环保执行力度，但是，如果在法律上将其确定为一种政府必须寻求合作解决的义务，则可能产生法律的执行障碍，影响法律的执行力。

（2）可持续发展原则。德国法中的可持续发展原则首先来源于国际法，最早体现在《里约热内卢宣言》中。可持续发展主要是指生态、经济和社会的长久和谐发展，也指社会的个体之间、发达国家、发展中国家和新兴国家之间，以及代与代之间的和谐发展。由于前述所分析的德国环境法律体系的特殊构成，有关环境保护的国际法律文件确定的基本原则自然成为德国法律原则的组成部分。

（3）环境媒介一体化考量原则。环境媒介一体化考量原则是源自欧盟法的环保法原则。该原则要求，从所有的环境媒介来一体化考量可能造成的所有环境影响。环境媒介指的是空气、水和土地。一体化原则的特殊之处在于其跨越不同环境媒介。在环境评价和环境治理时要考察每个环境媒介，包括从一个媒介转移到另一个媒介的情形。

二、《联邦污染防治法》的主要内容

《联邦污染防治法》第 4 条第 1 款规定，以下设施必须经过许可：在特定的程度上会造成有害的环境影响，或者对公众或邻居造成其他方式的损害、严重的不利或干扰。但行政机关无权来独立审查该法律规范是否应当适用，因为《联邦污染防治法》第 4 条的附录《必须许可的设施条例》规定了一个完整的需要许可的设施名单。在许可程序中，许可申请和材料要展示一个月以供查阅。在展示期满两周之内任何人都可以提出书面反对意见。异议将会在一个（选用的）讨论会中由申请人和异议提出者一起讨论。为了加快许可程序的进程，还规定了权利丧失的可能性，即在期限截止后提出的异议将被排除，而且亦不得在之后的诉讼程序中主张。获得许可的最重要的前提条件是遵守《联邦污染防治法》第5条第1款规定的运营者义务。其中，保护义务（该条款第1项）要求，建立和运营需要许可的设施必须确保对环境的高水平保护，因此不能造成对环境的损害或其他危险，或对公众和相邻人带来严重的负面影响或滋扰。预防义务（该条款第2项）要求通过采取与科技现状相适应的措施来避免上述损害或危险。运营者的义务还包括避免产生垃圾的义务（该条款第3项）以及节约地、有效率地使用能源的义务（该条款第4项）。

《联邦污染防治法》第3条第6款规定，科技的现状限定在可以支配和可以接受的科技可能性范围内。《工业污染指令》（欧盟第2010/75/EU）颁布了"最好的可支配的技术结论"，其在欧洲范围内确定了"最好的可支配的技术"，并具有约束力。该指令只针对成员国，只对其有约束力，而不是设施运营者，除非因为成员国执行不力，其才具有直接的效力。"最好的可支配的技术结论"是《最好的可支配的技术须知》的组成部分，该须知包括了具体的内容。"最好的可支配的技术结论"是欧盟委员会根据欧盟第RL2010/75号指令的第13条第5款在规则制定程序中颁布的。

《联邦污染防治法》第52条规定，由国家的监测机构来实施对设施的监督检查，以达到执行污染防治法标准的目的。[1]作为第三方的专业机构，如德国技术监督协会也可以参加。[2]

---

〔1〕《联邦污染防治法》第52条。
〔2〕《联邦污染防治法》第52条第2款、第29条。

而且设施运营者也可以被吸收进来，例如，其可以被要求作出自我监测、安全技术检查以及提交说明[1]。在自我监督中最重要的是设立得到授权的负责污染防治的企业监督员，其任务是在企业内部监督环境法的遵守、促进环保以及为经营者及其家属提供环境方面的咨询。企业监督员有权并且有义务促使和参与企业发展和引入有利于环境的生产工艺和产品。

德国环境法还规定，环境污染许可不享有存续保护，认为一个曾经作出的许可具有不可更改的、无限期的存续力是令人无法接受的。为了与科技发展同步，《联邦污染防治法》第17条规定，许可以后行政机关还可以提出新的要求，从而使设施依据科技发展水平更新换代。这种事后的要求也必须遵守比例原则，也就是说，必须考虑环境污染得到改善的程度和运营者因此付出的代价。

第二节 《循环经济法》

德国是最早将循环经济纳入法律调整的国家。早在20世纪70年代，德国就已经开始着手循环经济体系的建设。1972年的《德国民法典》第74条作出修改，提出要制定全国性的废弃物管理与处置的法律，比如公司、团体或法人对垃圾处置承担责任；垃圾应该在有许可的设备和场地中进行处置或堆存；垃圾处理场地必须有事先的规划；政府对废弃物处理实行监管、收集和运输废弃物须要有政府的审批。以民法典为依托，德国先后制定或修订了《废弃物处理法》（1972年）、《废物限制及废物处理法》（1986年）、《包装废弃物处理法》（1991年）、《限制废

---

[1] 《联邦污染防治法》第11条。

车条例》（1992年）、《循环经济与废弃物处置法》（1996年）等。1996年的《循环经济与废弃物处置法》首次在国家法律文本中使用"循环经济"概念，把废弃物处理提升到发展循环经济的高度，把物质闭路循环的思想从包装问题推广到所有的生产部门，不仅要求在生产过程中需要避免废物的产生，同样要求生产者、销售者与使用者都承担起避免废物产生、再回收、再利用与环境友好处置的责任。[1] 2012年2月29日，该法进行了重新修订，并改名为《循环经济法》在全德实施，2017年7月20日又对其第9章进行了修改。

一、《循环经济法》的主要内容

德国《循环经济法》分为九大部分，共计72个章节以及四个附录。九大部分分别为：总则、原则和义务、生产责任、规划责任、咨询责任、监管、固废处置企业、企业组织及专业人员相关规定和其他规定。四个附录分别包括：废弃物处理工艺、循环再利用工艺、标准技术确定原则和针对减少废弃物产生所采取的措施。

第一部分的总则明确了该法制定的目的和适用范围。该法制定的目的是为了促进循环经济对自然资源的保护，从而确保对国民健康以及生态环境的保护。为了避免与其他法律的冲突，该法不适用于以下范围：食品和饲料、烟草生产、奶制品、植物保护、动物器官和肢体、粪便、核燃料、没有受到污染的土壤和天然的原材料、沉积物、储于容器中的气态物质等。

第二部分确定了废弃物管理的五大实施原则：应避免废弃物的产生；对于准备循环再利用的废弃物进行预处理，包括检

----

〔1〕 徐伟敏："德国废物管理法律制度研究"，载徐祥民主编：《中国环境资源法学评论》（第1卷），中国政法大学出版社2006年版。

查、清洗和修理；对物料进行循环再利用；对能量进行循环再利用；对无法利用的物质进行最终处置。废弃物的产生者和所有者有义务对其产生的垃圾进行再利用，再利用优先于废弃物的最终处置，用于再生产的废弃物要保证无害。此外，要对废弃物进行分别管理，不允许将不同种类的垃圾混合，也包括不同种类的危险废弃物，法律允许的垃圾混合技术和设备除外。法律还明确了对废弃物收集企业的规范，如企业对主管部门有主动报告的义务。报告内容包括固废收集的种类、数量、收集时间等。

第三部分主要对生产者责任以及废弃物回收作出了规定。参与产品生产、加工和销售的有关方，应当承担对废弃物循环再利用的责任，对产品使用后产生的废弃物进行再利用。具体责任包括生产多次使用和可回收的产品；生产过程中优先使用循环材料；含有对环境有害物质的产品必须在使用后妥善处置；建立回收机制等。

第四部分涉及国家对循环经济的规划设计。各联邦州可以根据自身情况制定废弃物管理计划，当一个联邦州的管理计划牵涉到其他联邦州时，需要相互协商完成制定。每6年至少对计划进行一次评价并修订。国家牵头制定废弃物减量计划，各联邦州可以参与其中，或各州也可根据情况自己单独制定计划。减量计划包括：实施的目标；对现有的措施给予评价；定性定量、具体地制定减量化措施；监管程序和事后评价。计划的制定允许公众参与，主管部门为国家环境自然保护部。废弃物要在经批准的设施或场地中进行处理，审批由主管部门依据情况执行。对于建筑公司、矿山开采企业等，主管部门可容许产生的固废在他们自己的设备或场地中进行处理。

第五部分规定了政府部门的责任和义务。政府部门是履行法定责任和义务的主体，可采用的措施有：工作流程的设计；建设项目的审批；产品、材料的采购和使用等。政府下辖的社会性废弃物处理服务机构有义务承担废弃物循环利用的咨询工作。工商会、农商会等社会组织也有义务提供咨询。

第六部分涉及对普通废弃物和危险废弃物的监管。主管部门依法对废弃物生产企业和处理设备等进行定期监督检查，包括废弃物的收集、运输和交易。受监管的企业和设施根据要求向主管部门递交相关信息。在接受检查时，这些企业和设施必须向检查机构或人员开放，提供必要的人力、工具和文件以辅助检查，同时也应承担相应的费用。为了对废弃物进行溯源和跟踪，废弃物运营企业或处置设施必须要有台账记录，详细记录数量、种类、来源、收集的频次、运输方式和处理方式等。企业负责人和管理人员必须具备必要的专业知识，主管部门应要求企业负责人和管理人员提交专业证书和文件。如果相关人员不能证明其具备专业知识，则企业不得从事经营活动。危险废弃物收集、运输、交易和中介企业必须具备许可证。从业人员的专业知识和资质是获取许可证的必要条件。

第七部分规定了废弃物处理企业应确保在废弃物管理的过程中保护生态环境。只有当企业满足其组织、人员、技术和设备的条件且相关人员具备专业性知识和证书并切实履行其职责的前提下，才能获得政府授予的企业资质。企业资质规定了企业从事经营活动的范围、经营场所、具备的设备以及处理废弃物的类型。资质有效期为18个月，每年接受技术监督检验部门的检查。在企业获得资质的有效期内，由监管专业委员会或同业协会授予企业"废弃物处理专业企业"认证标志。该监管专业委员会由行业专家组成，具有法律约束力。委员会与企业签订监管协议，对企业实行监管。监管协议必须经过主管部门的批准，与委员会建立合同关系的企业才能获得认证标识。行业协会则由具有法律约束力的固体废弃物处理企业组成，获得主管部门的认可。在企业被监管的同时，政府也会对委员会和同业协会进行检查。

第八部分是有关企业废弃物管理专员的相关规定。根据法律规定，当企业运行必须经审批的设备、运行过程中产生危险废弃物的设备以及运行一般固废处理和循环利用处理的设备等时，必须设置一名或多名废弃物管理专员。他们的主要职责是向企业负责人建议如何尽可能地减少废弃物的产生和对固体废弃物进行管理。他们有权并有义务监督检查固体废弃物产生的途径、运输过程、废弃物的循环利用以及最终处置，切实执行法律中规定的条款，对其他企业员工进行教育，建立、发展和完善环境友好型生产方式和产品。

第九部分主要是对一些特殊要求作了补充。为使企业的经营符合环境法律的规定，主管部门也可对个别情况提出特殊要求。企业的电子通信和电子文档可作为法律依据被认可。如企业因故意或疏忽造成了环境污染或发生违法行为的，则按照第69条"罚金与赔偿"条款执行。

二、《循环经济法》中的责任主体

（一）中央政府的职责

根据德国的政治体制，德国联邦政府只负责制定核心的原则、规章、标准、工作程序和落实欧盟法规等，并按照立法程序交议会通过、颁布和实施，如最基本的废物分类、再利用和处理方法，确保废物无害化再利用和处理的基本要求，有关责任人承担的责任和义务，主管机关监督检查的方法、内容和程序以及有关的违规罚则等。

(二) 各州及主管机关的责任

德国各州政府除了军事和外交事务外有很大的自主性，中央政府的主管机关只具有协调、规则拟定、计划编制等功能，不能直接去落实具体规定。因此，德国《循环经济法》第六十三章明确规定，各州政府指定本州负责实施本法的主管机关，实行辖区管理办法。

主管机关的主要职责有：编制辖区内循环经济发展规划、依法审批废物回收、再利用和处理设施；对废物回收、利用、处理资质进行审核、批准，对从业人员的专业素质、设备设施、技术路线、管理等方面进行审核；监督检查废物减量化、回收、再利用和处理全过程，确保遵守循环经济法；建立数据库，发布有关信息，进行宣传教育等。按照规定，废物处理设施的建设、投入运行和做重大变动等都需要得到批准。废物填埋场的建设、投入运行和做重大变动时，其规划和计划要经过主管机关的审核和批准，审核时主要采取环境影响评价方法。

(三) 有关责任人的责任和义务

《循环经济法》把与废物管理有关的责任人分成三类：废物生产者、废物拥有者、废物处理处置者。此外，还对废物处理处置中介人进行了专门规定。①报告责任。各有关责任人必须向主管机构报告废物的产生、回收、再利用和处理情况，有关设备设施建设运转情况，重大改动情况等；再利用和处理的废物的类型、数量和处置情况；拟定并报告废物再利用和处理的有关措施和计划；拟定并报告未来五年废物处置计划，包括必要的厂址说明、设备及其建设的时间计划等。②处理处置及委托。废物生产者和拥有者负责对废物进行处理处置，也可依法把废物委托给各州指定的废物处理法人或公共废物处理机构进行处理，为了便于回收可采用收取押金的措施，根据废物的类型和数量确定回收方式。③生产者责任。生产商即废物生产者应按照循环经济要求,在产品设计开发、制造、加工和销售的各个环节都应采取有利于资源节约、废物减量化、废物回收和再利用以及进行无害化处理的措施。在产品上要加标注,说明产品回收利用的途径、方法和责任人;对含有害物质的产品进行标注,以便确保对使用后产生的废物进行环境友好型再利用和处理;用标签说明有关的回收方法、重复利用途径和义务、押金规定等。④废物所有者的责任。废物所有者有责任对废物进行标识,并按法律规定对接收废物的第三者就有关要求进行说明。⑤配合政府主管部门工作的责任。土地的所有者、废物拥有者、废物处理处置责任人等有责任和义务提供便利条件,以便开展废物收集、废物分类处理、再利用等工作,便于主管机关进入现场进行监测及开展其他监督管理工作。对废物再利用、处理设施进行全过程监督管理:有关责任人必须编制循环经济规划和计划,并经主管机关批准后才能实施;有关设施和生产方法必须经主管机关审核批准后方能投入使用;要建立健全档案管理制度;要为主管机关的监督检查提供便利条件,包括建设和维护监测设施,允许检查人员进入有关场地,配合检查,提供有关法律规定的信息和资料等;主管机关将亲自和委托专业机构进行定期和不定期的监督检查。

(四)处罚规定

《循环经济法》对各种违法情况规定了处罚办法,有罚款、没收等处罚措施。例如,未经批准对废物进行运输和处置,或者处置设施未经批准的,最高可罚款 5 万欧元;触犯了有关管理规定的,最高可罚款 1 万欧元;违法设施和工具可予以没收。[1]

三、《循环经济法》的特点

（一）体现多元化立法目标

《循环经济法》第1条明确规定，该法的目的是促进用以节约自然资源的循环经济发展，确保在废弃物产生与管理中的人类与环境保护目标得以实现。除了法典明确规定的一般立法目标外，参考德国法学理论界通行的观点，立法的具体目标还包括"执行欧盟法""强化针对资源、气候和环境保护的循环经济构建"与"明晰废弃物法规以提高执法确定性和法律确定性"。例如，该法第8条第1款规定，符合"为人类与环境保护提供最佳保障"目的的履行废弃物利用义务的相关措施具有优先执行性，这一规定便直接体现了"强化针对资源、气候和环境保护的循环经济构建"这一具体目标。又如第41条第1款规定，填埋场运营者有义务向主管机关告知在一定期限内其设备产生的排放的类型、数量、空间和时间的分布以及排出条件。该规定以附加义务的方式体现了"强化针对气候和环境保护的循环经济构建"的目标理念。[2]

（二）精确区分废弃物与副产品

《循环经济法》第4条精细区分了副产品与废弃物这两个概念。该条第1款规定："一项材料或物体在制造程序中产生，而制造程序的主要目的并非制造此材料或物体，则在以下情形下，该材料或物体被作为副产品而不被作为废弃物看待：（a）可以确保这一材料或物体得到进一步的使用，不需要一个进一步的、超出正常工业程序的预处理程序；（b）这一材料或物体是作为

---

[1] 万秋山："德国循环经济法简析"，载《环境保护》2005年第8期。
[2] 翟巍："论德国循环经济法律制度"，载《理论界》2015年第5期。

一个制造过程的不可分割的部分而被生产的；（c）进一步的使用是合法的；（d）这一材料或物体满足所有对其各种使用方式适用的生产、环境或健康保护要求，并总体上不会对人类与环境造成有害影响。"材料或物体必须同时满足以上四项条件，才能被看成是副产品。德国法律对于副产品与废弃物概念区分的规定是以欧盟法律为范本的，《循环经济法》第 4 条第 1 款关于"副产品"概念的界定基本上照搬欧盟第 2008/98 号指令第 5 条第 1 款有关"副产品"概念界定的内容。《循环经济法》对于副产品与废弃物概念进行系统区分的做法具有重要的现实效用，该法以四项标准精细而清晰地区分了副产品概念与废弃物概念，确保了循环经济法在具体适用范围与适用效力上的确定性。由该法关于四项区分标准的规定可知，副产品可低成本地、确定地、环保性地被利用，而废弃物的利用与清除通常需要较高的处理成本，而且可能会对环境造成现实或潜在的威胁。将副产品概念明确独立区分于废弃物概念，可以防止废弃物概念外延过于宽泛，从而避免企业因为废弃物概念的宽泛而负担超出合理范围的关于废弃物抑制、利用与处分的循环经济义务，同时还可提高与副产品相关的材料的利用效率，实现其利用途径的多元化。

（三）确认废弃物两元化处置责任制度

《循环经济法》第 7 条第 2 款规定了包括产品生产商在内的废弃物的产生者或持有者负有循环利用其废弃物的义务。该法第 20 条明确了废弃物公法处置者的义务，即公法处置者基本上以其管辖的范围为界限，利用或处分废弃物。该法第 17 条第 1 款规定了两元化处置责任制度。家居生活废弃物的产生者或持有者有义务将这些废弃物投送给州法赋予处置义务的法人，只要这些废弃物在私人生活领域无法被再利用或者生产者、持有者不具再利用的意愿；如果家居生活废弃物的生产者或持有者具有再利用这些废弃物的意愿，那么他们可以自主利用这些废弃物。

（四）首次创设"废弃物抑制计划"

《循环经济法》依据欧盟第 2008/98 号废弃物指令做出的最重要的革新是其在第 31 至 33 条首次规定了"制定废弃物抑制计划"的义务。各州、乡镇、区以及它们各自的联合体和废弃物公法处置者应参与制定废弃物抑制计划；如果联邦政府创建废弃物避免方案，各州可以参与废弃物避免方案的创建；如果各州不参与联邦的废弃物避免方案，那它们应创设自身的废弃物抑制方案。该规定使参与制定废弃物抑制计划方案的主体具有全面性与多层级的特点。负有创设联邦废弃物抑制方案职责的是联邦环境、自然保护和核安全部或由其确定的机构。

第三节 《环境责任法》

在《环境责任法》实施之前，德国的经营者侵害环境应当承担的法律责任依据是《德国民法典》和《联邦公害防治法》等法律法规。《德国民法典》第 906 条第 2 款规定，如果从一土地上有煤气、蒸气、臭气、烟气、煤烟、热气、噪声、震动或其他类似物质侵入另一土地，而这种干涉不损害或仅仅轻微损害该另一土地的使用，那么，该土地的所有人应容忍此类干涉。如果因按照当地通行的方法使用他人的土地造成重大损害，而土地使用人（即加害人）又无法采取经济上可望获得的措施避免此种损害，那么，受损害的土地所有人亦必须忍受这种重大损害。在这种情况下，如果这类干涉或使用所造成的妨害超出了一定的程度，土地所有人就有权向另一土地的使用人请求相当数额的金钱赔偿。《联邦公害防治法》第 14 条规定，许可证一经发出，即不得以防止邻地对自己土地产生的不利影响为由，依据私法请求权要求停止设施的运营，只能要求采取排除不利影响的防护措施。在采取防护措施有技术障碍或者经济上不可行的情况下，权利人只得容忍，但可要求赔偿损失。由此可见，《联邦公害防治法》第 14 条和《民法典》第 906 条都是以牺牲性的赔偿请求权为基础的。与此同时，在司法实践中，法官在处理关于环境污染损害民事赔偿案件时，为了降低受害人的举证难度，主要运用表见证明、举证责任倒置和《水法》第 22 条连带责任的规定。然而，由于表见证明主要针对典型的损害事件，而环境污染损害常常又缺乏典型性，因此适用表见证明的机会很少；《水法》第 22 条[1]又有适用范围的局限性。这些法律规定远远不能满足环境污染损害赔偿受害人证明责任降低的需要。该法出台之前，1990 年 12 月 10 日，德国联邦议院通过了《环境责任法》，1991 年 1 月 1 日发生效力，这是一部适用于环境领域的专门的民事责任法，它使环境立法不仅在公法范围、刑法范围，而且在私法范围得到了加强和完善，为其他国家的环境立法树立了榜样。2002 年 7 月 19 日，《环境责任法》第 9 条和第 15 条做了局部修正。

一、《环境责任法》的主要内容

《环境责任法》第 1 条和第 2 条规定了承担环境责任的主体就是设备的持有人或运营人。第 1 条规定的是环境侵害情形的

---

[1]《水法》第 22 条规定，在某一水域倾倒或注入有害物质致水质发生变化者，必须赔偿因此所造成的损害。如从用以制造、加工、储存、堆放、运送或清除某些物质的设备中，有这类物质落入一水域，而没有有意识地将这类物质倾入、引入或注入某水域，那么，设备经营人仍需赔偿因此所产生的损害。

设备责任，因环境侵害而致人死亡，侵害其身体或者健康，或者使一个物发生毁损的，以此项环境侵害是由附件一中所列举的设备引起的为限，对于由此发生的损害，设备的持有人负有向受害人给付赔偿的义务。第2条规定的是尚未投入运营的设备的责任。环境侵害系出自一个尚未完成的设备，并且此项环境侵害系基于一定的事由，而该一定事由表明设备在完成之后具有危险性的，尚未完成的设备的持有人依本法第1条负责任。环境侵害系出自一个已经不再运营的设备，并且此项环境侵害系基于一定的事由，而该一定事由表明设备在停止运营之前具有危险性的，在设备停止运营之时设备的持有人依本法第1条负责任。

《环境责任法》第3条规定了设备以及设备在运营中影响环境所产生的生命、身体、健康或财产损害时需要的环境责任。设备是指工厂、仓库等具有固定地点的设施，机器、技术装置、机动车辆和其他不具有固定地点的技术设施，以及同设备或设备的某一部分在空间上或技术操作上相关联的、可能对环境影响的产生具有重要意义的辅助设施。在该法附录中列举了96种设备，这些设备是达到一定危险程度的设备，包括热能生产设备、采矿设备、能源设备，生产石头、泥土、玻璃、陶瓷、建筑材料的设备，矿石的煅烧、熔炼或者熔结设备等。

《环境责任法》第12条和第13条规定了致人死亡情形赔偿义务的范围和身体伤害情形赔偿义务的范围。①在致人死亡的情形下，对于在尝试治疗期间所发生的费用，以及对于被致死者因在患病期间自己劳动能力的丧失或者减少或者因自身需要的增加而遭受的财产上的不利益，应当给付赔偿。另外，赔偿义务人应当向负担殡葬费用的人赔偿殡葬费用。被致死者在受侵害时与一个第三人处于一种关系之中，而被致死者依法律对于该第三人负有扶养义务或者能够负担扶养义务,并且因致人死亡而使该第三人享有的受扶养权利被剥夺的,以被致死者在自己可能生存的期间之内将负担给予扶养的义务为限,赔偿义务人应当向该第三人给付损害赔偿。该第三人在侵害行为发生时已经受胎但尚未出生的,亦发生赔偿义务。②在侵害身体或者健康的情形下,对于治疗的费用,以及对于受伤害者因受伤害而使自己的劳动能力发生暂时或者永久的丧失或者减少或者因自身需要的增加而遭受的财产上的不利益,应当给付赔偿。也可以因非为财产损害的损害而请求给予适当的金钱赔偿。

《环境责任法》第 14 条和第 15 条规定的赔偿方式与数额。①以定期金给付损害赔偿。因劳动能力的丧失或者减少和因受伤害者人身需要的增加而发生的损害赔偿以及依本法第 12 条第 2 款应当向第三人给予的损害赔偿,应当在将来以定期金的方式给付。②对于致人死亡以及侵害身体和健康的情形,赔偿义务人在总体上仅负担 8500 万欧元的最高限额,对于物的毁损,同样在总体上仅负担 8500 万欧元的最高限额,但以这些损害系因一个单一的环境侵害而发生的为限。[1]

二、《环境责任法》的因果关系推定和无过失责任原则

《环境责任法》第 6 条规定了环境责任承担的因果关系推定标准。①就具体情形之下的情况而论,一个设备能够引起所发生的损害的,推定损害是由该设备引起的。至于一个设备在具体情况之下是否能够引起损害,依运营过程、所使用的装置、投入使用以及所产生的材料的性质和浓度、气象学上的情况、损害发生的时间和地点、损害情况本身以及所有其他在具体情

---

〔1〕 杜景林:"德国环境责任法",载《国际商法论丛》2005 年第 0 期。

况之下能够说明引起损害或者能够说明不引起损害的情况加以判断和认定。②为监督特别运营义务的执行情况而在许可、指令、命令和法律规定中规定有监控措施的,在下列情形下推定遵守了此种运营义务:监控措施系在一个时期之内实施,而在该时期之内,在考虑范围之内的环境侵害可能是由设备产生,并且这些监控措施并没有为违反运营义务提供依据的或者在主张损害赔偿请求权之时,在考虑范围之内的环境侵害已经超过10年的。

在环境污染的因果关系判断过程中,流行病学扮演着重要角色:首先,受害人必须证明营运设备排放了影响环境的某种特定有害物质,为使其能够证明该物质究为何物;其次,受害人必须将该特定有害物质的源头与损害发生地连接起来,证明所排放的有害物质与所产生的损害具有时间上和空间上的关联,能够证明受侵害的权益位于该环境影响所及的地域内且损害发生的时间与排放有害物质的作用时间相吻合;最后,受害人必须证明该设备所排放的物质足以导致该损害的发生。至于多个设备所造成的复合污染事件是否适用因果关系推定,该法未作明文规定。对此问题的理解,联邦最高法院曾在判决中将《水法》第22条第2款关于"因果关系推定"的规定扩大适用于"多种情况"、"多种设备"造成水污染的案件,而《环境责任法》第6条系模仿《水法》第22条第2款而制定适用,《环境责任法》第6条关于因果关系推定的规定原则上应当适用于多个设备所造成的复合性污染事件。至于多个设备承担连带责任的情形,其内部责任的分担比例,通常应当根据相应的作用程度、原因力来确定,无法确定作用程度、原因力、责任比例的,原则上应当平均分担赔偿责任。

在实行因果关系推定以减轻受害人举证责任的同时,为了平衡正常营运设备的所有人与受害人之间的举证责任，防止因受害人滥用因果关系推定而妨碍国家总体经济的发展以及促使设备所有人加强对设备正常营运的管理和投资，《环境责任法》规定加害人具有排除因果关系推定的机会，如果设备的所有人能够证明其一切营运活动均合法，即符合环境行政法令上所规定的义务且未发生任何工厂事故，则因果关系推定将被推翻，举证责任由受害人负担。[1]另依该法第7条规定，如果设备所有人能够证明，在多数设备造成损害时，依个案具体情况另有第三人之行为、自然环境之影响等"其他因素"足以造成该损害的，则不适用因果关系推定的规定。唯在设备所排放的有害物质与"其他因素"共同作用引起损害时，不得排除因果关系推定的适用。

就责任性质来看，《环境责任法》中特定设备的环境责任属于危险责任、无过失责任。除了对因不可抗力导致的环境损害不必承担赔偿责任外，即使是合法营运，没有任何过失，设备所有人也应当对其设备所造成的环境损害负责。

三、《环境责任法》中的企业主保险责任

为了保证某些特别危险的设备的经营人能够承担《环境责任法》第1条所规定的赔偿责任，设备经营人必须采取一定的预防措施。预防措施之一就是设备经营人与保险公司订立一项保险合同，一旦发生特定的损害，保险公司即予以赔偿。第19条规定：①因由设备产生的环境侵害而致一个人死亡、侵害其身体或者健康或者使一个物受到毁损的，对于因此发生的损害，

---

[1] 徐祺昆："德国《环境责任法》对受害人保护的优劣分析"，载《环境保护》2012年第14期。

附件二[1]中所列举的设备的持有人应当采取措施,以保证自己能够履行赔偿此种损害的法定义务赔偿准备。由一个不再运营的设备产生出特别的危险性的,主管机关可以命令设备停止运营时的设备持有人在最高为 10 年的期间内继续做出相应的赔偿准备。②赔偿准备可以以下述方式做出:(a) 与一个在本法效力范围之内有权进行营业经营的保险企业订立责任保险;(b) 或者由联邦或者州承担免责;(c) 或者由一个在本法效力范围之内有权进行营业经营的信贷机构承担免责或者担保的义务,但以其能够提供与责任保险相当的担保为限。③对于附件二中所列举的设备,持有人不履行自己的赔偿准备义务,并且不能够在应当由主管机关确定的适当期间之内证明做出赔偿准备的,主管机关可以全部或者部分拒绝运营此种设备。

四、《环境责任法》中合法企业的设备责任

依照《德国民法典》的规定,如果企业活动中违背了自己的义务,本来就可作为侵权行为法的诉讼被提起;如果企业已遵守了义务而产生的干扰性情况,依照现行法律规定,大多是免除其责任的。而《环境责任法》除了将由自然力引起的自然灾害或人们的行为(政治性谋杀、破坏活动、外部罢工等)作为意外事件被排除企业责任之外,对其余的情况都可追究合法企业的设备责任。立法者使被许可的企业承担危险性责任,目的是让合法企业义务服从于危险性责任。

如果一个企业设施的原料自由贮放着,而这种原料在科学领域尚未认识到其危险性,致使以后建立在新的认识上的产生

---

[1] 附件二包括①根据《德国障碍事件条例》第 1 条和第 7 条应当进行安全分析的设备;②以燃烧方法回收固体物质中的各个组成成分的设备;③在硝醋纤维素的基础上生产漆料或者压力颜料附加剂的设备。

的这种原料（长期积累或与其他要素共同作用）存在着确定的损害，那应该对这种"未认识"的损害行为给予处罚；这种处罚的规定确立了对发展的、不确定的风险承担企业责任的环境政策。合法企业活动的责任有两方面是优惠对待的。针对一般合法企业活动不适用前面所述的原因推断。依照《环境责任法》第6条第2款的规定，如果企业主已证明他的设施是符合规定活动的，企业活动的义务已被遵守，并未引起妨碍，则不适用责任规定。对合法企业活动的责任提出的另一个优惠对待是证明要求的限制。根据《环境责任法》第5条的规定，如果"事件"仅是非本质的（非重要性的）或已在一定标准之下被侵害的，而且按照当地的条件是太苛刻要求的，是可免除赔偿损害义务的。如果企业设施的操作者想要在诉讼中接受合法企业活动的优惠权，并使受害者的争议合乎规定的处理，必须主动加以证明。

第七章

日本企业环境责任制度考察

第二次世界大战后，日本片面追求经济高速发展，环境污染导致公害频生。在社会的压力下，日本开启了环境立法进程，目前已经初步形成了完备的企业环境责任的法律规范体系。该体系以《环境基本法》这一纲领性法律为核心，和《循环型社会基本法》《大气污染防治法》《水污染防治法》《公害健康被害赔偿法》《公害纠纷处理法》《公害防止事业团法》和《关于特定工厂整备防止公害组织的法律》一起构成了日本的环境法律体系。

第一节 《环境基本法》

从20世纪60年代末至1993年前的近30年间，日本环境法律从无到有，在以各种环境要素为保护对象的公害防治方面，颁布了《大气污染防治法》《水质污染防治法》《农用土壤污染防治法》《噪声控制法》《海洋污染法》等多项法律；在自然资源保护和利用方面，颁布了《自然环境保护法》《国土综合开发法》《森林法》《矿产法》《渔业法》《有关濒危野生动植物物种保护的法律》等；在公害救济和纠纷处理方面，颁布了《公害纠纷处理法》《防止公害事业费用企业负担法》《有关公害对健康造成损害的补偿等法律》《有关促进水俣病认证的临时措施法》以及《公害等协调委员会设置法》等。这些法律法规为公害防治和自然资源的有效保护和利用提供了明确的法律依据，为《环境基本法》的出台奠定了基础。1991年12月，日本中央公害对策审议会和自然环境保全审议会以"地球村时代环境政策的实况"为题召开了咨询会议，提出了制定新的《环境基本法》的构想。该法案于1993年由日本众议院和参议院审议通过。

一、《环境基本法》的主要内容

《环境基本法》是一部宣言性的政策法律，共三章46条，第一章第3条至第4条明确了环境保护的基本理念。《环境基本法》所确定的环境保护基本理念有四层含义：①倡导可持续发展。环境是人类持续繁衍生息之地，应当保证当代人和后代人都能够享受健康优美的环境，并使其可持续地发展下去；②应当构建低环境负荷的"环境优先型社会"，社会各方包括国家、地方政府、企业、国民等都应公平地承担各自应负的责任；③强调预防原则；④积极参与解决全球环境问题。

《环境基本法》的立法目的是通过制定环境保护的基本理念，明确国家、地方公共团体、企业者及国民的责任和义务，规定构成环境保护政策的根本事项，综合而有计划地推进环境保护政策，在确保现在和未来的国民享有健康的文化生活的同时，为造福人类作出贡献。国家拥有制定和实施有关环境保护的基本且综合性的政策和措施的职责。地方公共团体拥有制定和实施符合国家有关环境保护政策的地方政策，以及其他适应本地方公共团体区域自然社会条件的政策和措施。

为了防止发生环境污染，国家应当采取下列控制措施：①关于构成大气污染、水体污染、土壤污染或恶臭的原因物质的排放，噪声或振动的发生，构成地面沉降原因的地下水的采集及其他行为应该通过制定有关的企业都必须遵守的标准，实施对公害防治的必要控制措施；②采取必要的控制措施，旨在防止发生与土地利用有关的公害，以及旨在防止在公害严重或有严重危险的地区设置构成公害原因的设施；③采取必要的控制措施，防止在特别需要实施自然环境保护的区域内，发生由于变更土地形状、新设工作物、采伐竹木及其他可能破坏自然环境的行为；④需要采取必要的控制措施，防止出现公害和破坏自然环境保护的行为。除前款规定的措施外，为防止出现不利于保护人的健康及其生活环境的问题发生，国家应努力采取必要的控制措施。国家应当努力采取必要的措施，促进那些从事能增加环境负荷的活动或能构成污染原因的活动的企业，设置必要的设施和采取其他适当的措施，降低其向环境增加的负荷，以防止发生环境污染，并在考虑其经济状况的基础上，实行必要而适当的经济资助；国家通过对实施负荷活动的人进行适当且公平的经济负租，实施引导他们自己去降低其负荷活动对环境负荷的影响为目的的政策，期待能有效地防止发生环境污染。

  企业有责任根据基本理念，在进行其企业活动时，采取必要的措施，处理伴随此种活动而产生的烟尘、污水、废弃物以及其他公害，并妥善保护自然环境。企业有责任在进行物品制造、加工或者贩卖及其他企业活动中，当与其企业活动相关联的制品从其他物品变成废弃物时，采取必要的措施，力求进行适当的处理，防止出现环境污染；除前两款规定的职责外，企业还应在进行物品制造、加工或者贩卖及其他企业活动时，努力降低因使用或废弃与其企业活动相关联的制品及其他物品对环境的负荷，并且要努力利用再生资源及其他有助于降低环境负荷的原材料，以防止发生环境污染。企业还应当努力降低与其企业活动有关的或者伴随其活动对环境的负荷及对其他环境的污染，并有责任协助国家或者地方公共团体实施有关环境保护的政策和措施。

二、《环境基本法》的基本原则

（1）可持续发展原则。日本《环境基本法》第4条、《循环型社会基本法》第3条以及第四次环境基本计划都有一个基本的认知，即把可持续发展原则视作经济、社会、环境这三大领域的支柱。在日本的设施利用风险管理方面的部门法中，一般来说，环境本身不被视为保护法益。[1]而1993年《环境基本法》的立法目的强调保护国民健康，生活环境的保护要与经济的全面发展相协调。[2]

（2）预防原则。关于预防原则的定位，即预防原则是"原则"还是只是"处理方法"？在欧美曾有过争论。[3]日本政府担心预防原则的过甚使用，在很多情况下使用了"预防性的处理方法"这一表述。把预防原则仅规定为"处理方法"，是为了不把预防原则的效果视作唯一的、确定的原因。预防原则为了应对科学的不确定性带来的风险而展现一定的方向性，被设定为法律解释的指针、立法的指针，所以可以称之为法原则、预防原则。首先，"科学的不确定性"是适用预防原则的重要条件。这个条件包括没有进行调查（风险评估）而导致的科学不确定性以及调查的结果仍然显示的科学不确定性。其次，预防原则

---

[1]　[日] 松村弓彦：《環境法の基礎》，成文堂2010年版。

[2]　日本的《地球温暖化对策推进法》第1条也把确保国民健康且文化性的生活确定为立法目的。

[3]　国际食品法典委员会在对WTO荷尔蒙牛肉案的讨论中指出，国际习惯法上的"原则"至少是直接约束国家行动的规范，而"处理方法"只是表明针对不同的案件可能有不同的处理。欧盟过去一直强调"预防原则"，而美国等国家则比较谨慎地使用该用语。参见[日] 大塚直："未然防止原则、预防原则"，载《法学教室》284号。

的要件应该排除纯粹假定的风险。最后,针对预防原则会造成科学进步的停滞这一批判,以损害的不能恢复或重大性为要件。[1]

（3）原因者负担原则。在日本,原因者负担原则不仅适用于污染防治费用,还逐渐适用于环境恢复费用、被害救济费用等事后性的费用。原因者负担原则不是单纯的经济效率原则。根据中央公害对策审议会费用负担部门对"今后的公害费用负担"问题的批复,原因者负担原则更是体现了公害对策的正义、公平原则。在环境政策方面,国家、地方政府也有公共负担的义务。那么,要如何处理这个公共负担原则[2]与原因者负担原则的关系呢？依据中央公害对策审议会费用负担部门的批复和经济合作与发展组织的理事会建议,原因者负担原则与公共负担原则是原则与例外的关系,即原则上应当适用原因者负担原则,但在例外情形下（国家、地方政府有必要进行环境污染防治、采取环境保全措施的情形,环境污染、风险涉及范围极为广泛的情形）可以适用公共负担原则。

日本《环境基本法》第37条对原因者负担原则作出了具体的规定:"为防止公害、自然环境保护上的妨害,国家、地方政府或准政府在斟酌迅速防止有关公害等妨害的必要性、事业的规模及其他事项后,可以实施认为有必要且适当的事业。当公共事业主体实施该事业时,国家及地方政府斟酌造成该事业必

---

[1] 日本立法采纳了《里约宣言》第15项原则规定:"为了保护环境,各国应根据本国的能力,广泛适用预防措施。凡有可能造成严重的或不可挽回的损害的情形下,不能把缺乏充分的科学确定性作为推迟采取防止环境退化的措施的理由。"

[2] 日本《环境基本法》规定,国家要推进环保公共设施的配置及其他环保事业,对给环境造成负担的活动,为减轻环境负担要给予必要合适的经济援助,对于地方政府实施环保政策的费用要努力采取财政上的措施。国家、地方政府负有保护国民健康、维持舒适环境的义务,在一定情形下应当负担环保费用,这就是公共负担原则。

要性之人的活动对有关公害等妨害的程度后，认为让造成该事业必要性之人承担该事业实施所需费用是适当的，要采取必要措施使造成该事业必要性之人在造成该事业必要性的限度内，适当且公平地负担实施该费用所产生的全部或部分费用。"

第二节 《循环型社会基本法》

日本注重循环型社会法律体系的层级构成，坚持了循序渐进的原则，即以基本法、综合法为统领，完善以专项法为主的各项循环经济法律制度，最终形成由基本法、综合法以及大量专项法构成的完整的循环经济法律体系，[1]使日本成为"世界上循环经济立法最发达的国家"。[2]日本于1993年和1994年相继颁布了《环境基本法》和《环境基本计划》。1999年7月，日本产业结构审议会发表了一份《关于促进循环型经济体系的建立（循环经济展望）》的报告。这一报告指出，资源和环境是制约日本21世纪经济持续发展的两大因素，要继续保持经济强国的地位，就必须从大量生产、大量消费、大量废弃的传统经济模式转向循环经济发展模式。2000年，日本颁布《循环型社会基本法》，以国家基本法的形式确立了建设循环型社会的发展目标。[3]

日本的循环经济立法体系包括基本法、综合法、专项法三部分。基本法主要包括：1994年制定的《环境基本法》和《环

---

[1] 姜雅："日本循环经济立法概况及对我国的启示"，载《国土资源情报》2006年第1期。

[2] 郝敏："构建循环经济法律体系若干问题的研究"，载《河北法学》2007年第10期。

[3] 李冬："论日本的循环型经济社会发展模式"，载《现代日本经济》2003年第4期。

境基本计划》;2000年制定的《循环型社会基本法》以及《新环境基本计划》;2003年制定的《促进循环型社会建设基本计划》等。综合法主要有:1970年制定的《固体废弃物处理和公共清洁法》;1991年制定的《资源有效利用促进法》等。专项法数量最多,最主要的有:1995年制定的《容器和包装物的分类收集与循环法》;1998年制定的《特定家庭用机械再商品化法》;2000年制定的《建筑材料再资源化法》《可循环性食品资源循环法》《绿色采购法》;2001年制定的《多氯联苯废弃物妥善处理特别措施法》;2002年制定的《报废车辆再生法》,等等。[1]

《循环型社会基本法》的立法目的是最终确保现在及未来全体国民的身体健康,保证公众的文化生活水平。该法遵照《环境基本法》的基本理念,确定建立循环型社会的基本原则,明确国家、地方政府、企业和公众的职责,规定建立循环型社会的基本规划以及其他建立循环型社会政策的基本事项,有计划和综合性地实施建立循环型社会的政策。[2]

一、《循环型社会基本法》的主要内容

该法包括总则、建设循环型社会的基本计划和建设循环型社会的基本政策三章,总计32条。该法的主要内容有六个方面:①明确了"循环型社会"的概念,即"循环型社会"是指限制自然资源消耗、环境负担最小化的社会。②明确了"可循环资源"的定义,即对那些没有考虑其价值而被称为垃圾的物质,法律要求促进这种可循环资源的回收。③明确了可循环资

---

[1] 姜雅:"日本循环经济立法概况及对我国的启示",载《国土资源情报》2006年第1期。
[2] 参见日本《循环型社会基本法》第1条。

源的循环和不可循环资源的处置原则：对可循环资源逐步进行分层、再利用、热回收和最终处置；对循环资源的循环和处置必须在技术和经济可行的条件下进行，以能否最大限度地降低环境负荷为依据。④规定了国家、地方政府、企业和公众在循环型社会中的责任；特别规定了企业作为废弃物排放者的责任以及生产者（企业）的产品变成废弃物以后，生产者承担责任扩大的责任原则。⑤要求政府制定循环型社会形成推进基本计划，而国家的其他有关计划应按照该计划来决定。该基本计划每隔五年可以按实际情况修改。⑥明确建立循环型社会的政府措施。这些措施包括：减少垃圾产生量；以法规的形式规定"垃圾产生者"责任；在产品回收利用到评估的整个过程中增加"生产者责任"；鼓励使用再循环产品；对妨碍环境保护产生污染的企业征收环境补偿费。

二、《循环型社会基本法》中的企业责任——"生产者负责"原则

该原则是通过法律手段强制生产经营企业回收其生产的产品。生产者可以建立渠道自行回收，也可以委托第三方回收公司进行回收。零售商有义务回收再利用产品并交给制造商，消费者有义务将产品交给零售商，确定零售商、消费者要承担必要的补充责任的目的是为了使"生产者负责"的原则能够更加切实有效地实施。回收系统在再利用过程中的有关信息反馈给生产者，使他们在选用原材料时，选择易于回收的设计，从而形成资源、能源的良性循环，进而实现可持续发展。[1]"生产者

---

[1] 夏少敏："废旧家电回收的立法规制"，载中国法学会环境资源法学研究会：《水资源、水环境与水法制建设问题研究——2003年中国环境资源法学研讨会论文集》。

负责"原则不仅要求生产者承担传统上的环境责任,还赋予了生产者一种扩大责任,即要求生产者以促进回收再利用的顺利进行为宗旨、科学地选择原材料、合理地设计产品以及提高产品的质量,延长其使用的年限。

企业生产的产品被人使用、废弃以后,仍有一定责任来针对其产品进行适当的循环利用和处置,达到抑制产生废弃物等以及对循环资源进行循环性利用与适当的处置,具体包括:①改进产品设计;②标示产品的材质或成分;③当其废弃以后,由生产者进行回收和循环利用。因此,对于废弃物问题的解决就应该从物的生产制造阶段来考虑,这就要求扩大生产者的责任。《循环型社会基本法》规定,生产者有责任采取必要措施以改进产品和容器的设计,标明其材料和成分,提高产品和容器的耐久性,完善产品和容器的维修体系。[1]

可循环资源的循环和处置被认为对环境的保护构成障碍,即"废弃物"的循环利用和处置不能顺利进行,包括由于不法投弃造成环境保全上的障碍时,通过企业出资的基金来使某一领域内的企业界来共同承担职责,这样当有关企业缺乏资金无力支付费用或者不能确定是哪一具体企业的责任时,仍有相应的资金保障环境保护障碍的解决,以促进"废弃物"的循环利用和适当处置。[2]

三、《循环型社会基本法》下位法中的企业责任

《循环型社会基本法》下设有两部部门法:《资源有效利用促进法》(即关于促进资源有效利用的法律)和《废弃物处理法》(即废弃物的处理及清洁的法律),对于企业的环境责任作

---

[1] 参见日本《循环型社会基本法》第11条第2款。
[2] 参见日本《循环型社会基本法》第22条。

了具体规定。

《资源有效利用促进法》第 4 条将企业的范围作了广义的解释，企业包括工厂、事业场、从事物品销售业务活动的业者、建筑工程发包者。该条要求企业不仅要合理使用原材料，也要利用可循环资源和各种可再用部件；对曾被使用或者未被使用但已被回收或者废弃的产品或者副产品，只要与企业或者建筑工程相关并且在经济和技术是可行的，就应尽力将其作为可循环资源来加以利用。该法规定，由环境主管大臣对指定的资源节约企业和指定的资源再利用企业发布主管省令，对判断基准作出规定，进行必要的指导和建议甚至是劝告和命令。

《废弃物处理法》第 3 条规定了企业责任。该条规定，企业要对自己企业的企业活动产生的废弃物进行妥善处理，这包括对废弃物的再生利用，促使废弃物的减少；要强化对产品、容器在制造、加工销售前就对其以后成为废弃物时的处理难度预先进行自我评价，并向有关部门提供对之进行妥善处理方法的信息。对于那些以现有的设备以及技术在全国各地不能进行妥善处理的一般废弃物，要求从事该产品容器等制造、加工及销售的企业相互间要通力合作，以此来配合好所在的市地对指定的一般废弃物的妥善处理。

第三节 污染防治类法律

一、《大气污染防治法》

1962 年，日本颁布了第一部全国性大气污染防治法即《煤烟控制法》，促使日本能源革命，以石油代替煤对主要污染源采用除尘设备。1968 年，日本颁布了《大气污染防治法》，并于

1970年进行了修订,[1]在全国范围内从污染预防观点实施大气污染控制,其中极为重要的措施就是确定排放标准的合理设定。1974年《大气污染防治法》再次修订,正式导入总量控制策略。2000年日本颁布的《大气污染防治法》以法律的形式规定了大气污染总量控制制度,[2]2006年为最新修订版。

《大气污染防治法》制定了污染物管理规定和机动车排放管理规定,污染物管理规定中划分了三种类型的污染物:烟尘废气、挥发性有机化合物、粉尘以及颗粒物。针对每一种污染物的治理,不仅包括污染物类型的细分、污染排放设备的分级标准,特定地区以及特定污染物的准入规定,还针对每一种污染物制定了具体的应急措施。同时,日本环境省将机动车尾气排放作为一项专门管理对象针对治理污染物政策如何推进做了详细说明,同时还包括了如何进行污染排放监督。针对硫氧化物的治理,污染物的排放量必须按区域根据排放口的高度来进行行政规划。针对烟尘排放设施的污染排放量,需要根据排放设施的种类及规模来制定排放标准,有害物质的排放同烟尘排放的制定方式相同。挥发性有机化合物的排放标准应该根据排污设备的类型和大小来指定排污上限。当管辖区范围内的化合物排放超过标准时,监管者必须明确一个时间限制,要求排放单位通过调整设备结构、改变有机挥发物的处理方法,或者临时性停止排污设备的使用。从事商业活动的单位应采取必要手段来测定有机化合物的排放和挥发。

粉尘产生单位的设立必须经由日本环境省批准,针对粉尘

---

[1] 方垄:"中日大气污染总量控制制度比较及立法启示",载《环境科学与技术》2005年第1期。

[2] 薛金枝、朱庚富:"中日大气污染控制法规比较及建议",载《环境污染与防治》2008年第11期。

产生区域的邻近区域，管理准则应按照日本环境省的规章设定施工或工厂边界的最高粉尘浓度，并且要对因商业活动或工厂作业产生的颗粒物种类进行区分。同时，日本环境省要求对于施工区域的粉尘浓度测定，必须进行结果记录。如果都道府县知事发现粉尘产生单位的作业方法不符合污染监管标准，应在受理施工申请的 14 日内要求该单位改变生产计划。

二、《水污染防治法》

日本对水质污染防治的立法始于 20 世纪 50 年代。1958 年，日本颁布了《关于保全公共水域水质的法律》和《关于控制工厂排水等的法律》；1970 年，将这两部法律修改为《水质污染防治法》。1970 年颁布《水污染防治法》，强调制定并实施全国统一的水环境质量标准和水排放标准来防治水污染。1989 年，日本再次修改《水污染防治法》，增加了禁止含有害物质的水渗入地下，以及都道府县首长等日常监测地下水等措施，并对都道府县首长的日常监测地下水质的费用给予补助的制度。1996 年，环境审议会又提出了"有关防治地下水水质污染的水质净化对策的办法"并据此修改《水污染防治法》。[1] 2006 年《水污染防治法》的修订版成为日本现行防治公共水域水质污染的法律依据。

日本《水污染防治法》对排水控制对象作了严格的立法解释，即指"从设置特定设施的企业往公共水域排出的水"。法律还规定两类排放标准：一为"统一标准"，它包括"有害物质"和"生活环境项目"两种容许限度，对氰、汞等 24 项影响健康项目和 16 项生活环境项目规定了标准值。二为比统一标准更为

---

[1] 程晓冰："日本水资源的开发与保护"，载《中国水利》1999 年第 8 期。

严格的标准，它是指在一定水域的流量比从企业排出的废水量少的自然条件下，该水域在适用国家统一标准难以改善污染状况时，都道府县可制定比统一标准更为严格的标准。对于因人口和产业集中的区域以及大范围向封闭性水域（湖泊、内湾、内海）排放大量生活污水或产业污水的地区引入了排水总量控制制度。首先，由政令指定总量控制的项目、水域、地域；其次，由内阁总理大臣制定关于削减污染负荷总量的基本方针；最后，由都、道、府、县知事确定削减目标量的计划，然后制定标准予以实施。依据《水污染防治法》的规定，都道府县首长及政令市长负责公用水域水质的日常监视所需费用，而环境厅则负责有关编写监测计划费用和公用水域水质检验的费用。都道府县首长及政令市长负责监视工厂和事业单位遵守排水标准的情况，必要时可要求工厂和事业单位上报污染情况报告或者进行检查。该法还建立了无过失赔偿责任制度，规定事业单位因生产活动排放有害物质造成了危害健康的灾害时，应负赔偿责任。

三、《农业用地土壤污染防治法》

日本是最早在土壤保护方面立法的国家，其有关土壤污染防治立法从农地土壤污染防治开始。目前，日本已建立了以《农用地土壤污染防治法》《二恶英类物质对策特别措施法》和《土壤污染对策法》为主的较为完善的专门性的土壤污染防治法律法规体系。其中，1970年颁布的《农用地土壤污染防治法》是以农用地为对象进行土壤污染防治的法律，[1]并分别于1971

---

〔1〕 李建勋："论土壤污染防治法"，载《2007年全国环境资源法学研讨会论文集》。

年、1978年、1993年和1999年进行了多次修订,[1]其目的是为了防治和消除农业用地被特定有害物质污染以及合理利用已被污染的农业用地。1999年颁布的《二恶英类物质对策特别措施法》以二恶英类物质为对象,对由于二恶英类物质引起的土壤污染进行防治。2002年颁布的《土壤污染对策法》以日趋严重的市街地(市区)的土壤污染为防治对象,对调查的地域范围、超标地域的确定以及治理措施、调查机构、支援体系、报告及监测制度进行了规定,并规定了成为土壤污染调查对象的土地条件及消除污染的土地基准等。[2]该法案运用环境风险对应的观点,对工厂、企业废止和转产及进行城市再开发等活动时产生的土壤污染进行了约束。[3]

《农业用地土壤污染防治法》主要包括立法目的、定义、对策地域的指定、对策计划的确定、特别地区的指定与土地利用的限制、排水与排出标准的设定、调查监测以及其他内容。《农业用地土壤污染防治法》第1条明确规定了立法目的:防治与清除农业用地土壤的特定有害物质污染,并为合理利用已被污染的农业用地采取必要措施,防止生产可能危及人体健康的农畜产品及妨害农作物生长的行为,为实现保护国民健康和保全生活环境作贡献。"农业用地"定义为耕种之目的,或者主要为放牧家畜之目的,或者为畜牧业采集牧草之目的而提供使用的土地;"特定有害物质"是指以土壤里含有镉等为起因,生产危害人体健康的农畜产品,或者具有妨碍农作物生长之嫌、并由

---

[1] 邱秋:"日本、韩国的土壤污染防治法及其对我国的借鉴",载《生态与农村环境学报》2008年第1期。

[2] 王虹等:"国外土壤污染防治进展及对我国土壤保护的启示",载《环境监测管理与技术》2006年第5期。

[3] 朱静:"美、日土壤污染防治法律度对中国土壤立法的启示",载《环境科学与管理》2011年第11期。

政令规定的物质（放射性物质除外）。

《农业用地土壤污染防治法》规定了农业用地土壤污染对策地区指定制度、对策计划的确定制度、特别地区指定制度、土地利用限制制度、调查监测制度等保护土壤环境的具体制度。《农业用地土壤污染防治法》第3条规定，都、道、府、县知事根据本区域内一定地区的某些农业用地土壤和在该农业用地生长的农作物等所含有的特定有害物质的种类和数量，可以将被认为是起因于该农业用地的利用，生产危害人体健康的农畜产品，或者被认为妨碍了该农业用地农作物等的生长，或者被认为这些危害是特别显著的、符合以政令规定的要件地区，指定为农业用地土壤污染对策地区。[1]《农业用地土壤污染防治法》第5条规定，都、道、府、县知事在指定对策地域之际，为防止因该地域内的农业用地土壤特定有害物质的污染，或者清除其污染，以及合理利用已被污染的农业用地，应就该对策地域尽快制定农业用地土壤污染对策计划。《农业用地土壤污染防治法》第8条规定，在对策地域的区域内的农业用地中，当其土壤及该农业用地生长的农作物等所含有特定有害物质的种类和数量，被认为是因利用该农业用地而生产出有可能危害人体健康危险的农畜产品时，都、道、府、县知事有权确定该农业用地不适于种植农作物，或者该农业用地生长农作物以外的植物中不适合供家畜饲料用的植物的范围，并指定该农业用地区域为特别地区。《农业用地土壤污染防治法》第10条规定，都、道、府、县知事对在特别地区内的某农业用地种植或想要种植与该农业用地有关的指定农作物等，或者把在该农业用地生长的指定农作物等当做或想要当做家畜的饲料用的人，可以劝告

---

[1] [日] 环境法令研究会编：《环境法》，中央法规出版社2008年版。

其不要在该农业用地里种植与该农业用地有关的指定农作物等；或者把在该农业用地生长的指定农作物等当做或想要当做家畜的饲料用的人可以劝告其不要在该农业用地里种植指定农作物等，或者不要将在该农业用地生长的指定农作物等供家畜饲料用。《农业用地土壤污染防治法》第 12 条规定，都、道、府、县知事应对本都、道、府、县地区内农业用地土壤的特定有害物质引起的污染状况实施调查研究，并公布其结果。第 13 条规定，环境厅长官、农林水产大臣或都、道、府、县知事为了调查测定农田土壤的特定有害物质引起污染的状况认为必要时，可以在其必要的限度内，派职员进入农田，对土壤或农作物等实施调查测定，或者无偿采集只限用于调查测定所必要的、最少量的土壤或农作物等。

第八章
强化我国企业环境责任的制度选择

环境保护是一个复杂且系统的技术工程,也是一个复杂且系统的环境法治工程。要落实企业环境责任,就需要通过法律规范的制定与施行对应当承担环境责任的企业以行为约束,需要通过专业的技术性操作规范去判断和及时调整企业的行为选择。因此,我们需要完善环境治理法律政策,对现有的环境保护相关制度进行优化、整合,完善法律与法律之间的衔接机制,构建起一个具有综合性、整体性的企业环境责任制度体系。

第一节 政府层面

一、完善政府环境监管体制

当今社会的运行时时刻刻离不开法律机制,在市场经济就是法治经济的前提下,政府履行行政职权必须有明确的法律依据,即法无授权不可为。政府监管部门对市场经营主体进行监管,必须依照法律法规的授权,对各类市场经营主体的行为方式、属性及其法律后果进行监督,在符合法定情形且有必要的情况下实施事前、事中和事后干预,政府监管的目标是维护社会公共利益,维护公平竞争的市场秩序。政府监管必须遵循行政合法性和行政合理性的双重原则,在法定范围内行使政府部门的行政自由裁量权,这是法治经济对政府行政行为的基本要求。[1]在环境监管领域,环境监管部门根据依法行政的基本原则,充分发挥政府的环境监管职能,建立和健全环境监管体制,是提高政府环境监管有效性的必然要求,也是政府切实转变职能、依法行政的必然要求。[2]

从现代国家机构体系及其职能建构角度看,监管是国家最基本的职能,监管制度是国家最根本的制度安排。从历史演变的角度看,国家的监管职能及其力度有着动态的变化,随着国家经济市场化的改革及法治的不断调整,国家的监管职能也在随着市场和国家法治目标进行调整。20世纪70年代以来,一直以市场经济导向的大部分发达国家放松了对市场经营主体的经济性监管,赋予了市场经营主体更多的经营自主权,同时加强了包括环境监管在内的社会性监管。在环境保护领域,发达的工业化国家强化了环境保护责任,加快了政府环境监管体系的制度建设和能力建设。

建立和完善环境监管体制是中国推进环境法治进程、提高国家治理能力、提高环境监管体制的有效性的重要内容,是保障公民权利的重要组成部分。政府环境监管体制在环境治理体系中处于基础和核心地位,有效的环境监管是良好环境治理的基础。环境治理体系强调多个不同主体依法平等参与污染控制和环境保护过程,特别强调公民个体、非政府组织等非国家和政府部门的作用,而政府监管机构只是多种法律平等的主体之一。污染治理和环境保护涉及复杂的技术经济过程,需要依靠专业知识和专业技能实施事前和事中干预,而公民个体和非政府组织往往不具备这类专业知识,所以必须依靠政府设立的专

---

[1] 余晖:"中国政府监管体制的战略思考",载《财经问题研究》2007年版。
[2] 高世楫、李佐军、陈健鹏:"从'多管'走向'严管'——简政放权背景下环境监管政策建议",载《环境保护》2013年第17期。

门的监管机构承担主要的监管职责。各国环境治理体系的演变过程也表明，政府环境监管机构是控制污染和保护环境的重要主体。当然，随着法律体系的不断完善、非政府组织能力的不断提高，政府专业化监管机构以外的其他主体在环境治理中的作用也变得日益重要。

在现阶段，中国加快改革环境监管体制、提高监管机构的独立性和能力，从而提高监管有效性，是完善中国环境治理体系过程中最重要的任务。十八届三中全会通过的《中共中央关于全面深化改革若干重大问题的决定》提出了"建立和完善严格监管所有污染物排放的环境保护管理制度，独立进行环境监管和行政执法"，指明了中国环境监管体制改革的大方向，即按照"国家治理和治理能力现代化"的要求建立和完善我国环境监管体制，依法进行市场环境监管，提高中国环境监管体制。

完善的环境监管体制，推进我国环境监管改革的实施途径，就是建立完整的监管法律体系、健全监管组织体系、优化监管权力配置、规范监管程序、加强监管问责等。

（1）建立完整的监管法律体系。监管机构依法行使环境监管职能所依据的相关法律法规必须出于保护社会公共利益的目的，明确不同主体各自的权利和义务，公平公正地对待所有利益相关方的正当诉求。无论是环境影响评价审批、污染源排污达标、企业违规处罚等方面的规则必须清楚，法律依据必须明确、具体，监管程序合法、公正。

（2）健全环境监管组织体系。在纵向机构权力设置上，地方层级的环境监管机构改革是我国环境监管体制改革的重点，其核心是提高地方政府监管功能的独立性和监管能力。要实现这一目标，可以通过探索"省以下环境监测监察垂直管理"的方式从一定程度上增强基层环境监管机构的独立性。但是，在这一过程中，要稳妥处理"垂直管理"与"监管属地化原则"之间的关系。在横向机构权力分配上，中国环境监管统管部门与行业主管部门之间存在职能交叉，同时又缺乏制度化、程序化、规范化的沟通协调机制，使得环境监管工作中常出现互相推诿现象。需要进一步明晰不同部门的环境监管事项和监管权力，对部门间的监管权适度整合，并使部门间的信息共享、监管协同进一步规范化、程序化；进一步明晰不同层级环境监管机构的事权，稳妥推进省以下监测监察"垂直管理"，并加强中央层级监管部门收集和发布环境信息的权力。在环境保护主管部门内部，设立相对独立的政策评估机构，对环境政策的制定、执行情况进行独立评估，建立环境政策绩效的内部控制机制。组建一个环境数据信息管理部门，将环境质量监测、环境统计等职能纳入该部门统一管理，负责全国环境信息的管理和信息共享。该机构只对环境信息数据的真实性负责，为政策执行与评估提供依据。

（3）规范监管程序。在环境监测上，环境监管机构要强化排污单位的环境责任，自行监测并报告环境守法状况，规范排污单位报告环境守法状况的流程和规则。在守法促进方面，环境监管机构要促进排污单位合规排污，并为排污单位提供技术援助，落实国家对单位的减排激励政策，在监管者和被监管者之间构建起良好的协作关系，以实现保护环境、减少排污的共同目标。建立并完善环境监管影响评估制度，强化环境监管的事前评估、事中评估和事后评估。以环境监管影响评估为权威数据支持，科学调整相关的环境政策工具。通过排污许可制度改革，推动各级环境监管机构加强内部协调，理顺监管程序，为排污单位提供透明、清晰、稳定的"环境守法边界"。环境监管机构制定环境标准要充分考虑环境标准的可实现性和可测量性。强化对各类监管工具组合的顶层设计，统筹推进包括排污许可证、环境影响评价、环境税、总量控制、排污权交易等监管工具调整，落实排污达标、排污数据报告核查等关键环节，严格执行排污许可证制度，为总量控制、环境税、排污权交易制度提供有效支撑。[1]

（4）创新监管方式。环境监管机构应按照明确的监管规则，独立行使监管职能，不受包括地方政府在内的外部干预。为了确保政府监管的独立与透明，建立第三方评价机制是监管创新的发展方向。2015年5月13日，民政部发布《关于探索建立社会组织第三方评估机制的指导意见》，对于第三方评价机制的建立与发展具有较强的指导作用，但是企业社会责任第三方评价机制的具体建立和运行尚处于初始发展阶段。针对我国目前的具体情况，可以先采取非强制性的第三方评价机制。首先，政府需要创造条件引导第三方独立评价机构的发展，积极探索第三方评估机构的发展模式，鼓励企业自觉接受第三方环境责任评估，为第三方机构的发展创造良好的社会和市场环境。例如，国务院办公厅曾在2015年委托中国科技协会作为第三方机构，对国务院的重大政策措施落实情况开展第三方评估。这是一次积极的探索，对其他行业第三方评价活动的开展起到积极的示范作用。其次，政府也需要处理好与第三方机构之间的关系，需确保第三方机构独立于政府、企业等相关组织，能够独立开展评估，不受任何个人和组织的干扰。最后，企业环境责任属于较为专业的领域，从事环境责任的第三方评估机构必须具有相应的能力和资质，既要具备相关的环境知识，又要对所评价

---

[1] 国务院发展研究中心"引领经济新常态的战略和政策"课题组等："提高环境监管效能　促进绿色发展"，载《发展研究》2018年第2期。

企业的性质、经营情况、行业发展态势等有所了解。[1]

(5) 要加强监管问责。要有对环境监管机构进行问责的有效机制，使环境监管者对政府负责、对受监管决策影响的利益相关者负责。长期以来，中国环境监管体制中缺乏对监管者的监管，这是监管失灵的重要原因。[2]要提高环境监管有效性，最为核心的问题之一是要使整个环境监管体系实现可问责，这也是现代政府监管机构必须遵循的基本原则之一。在制度设计上，要建立完整的规则和规范的程序，特别是鼓励公众参与，监督环境监管机构有效履行职责，避免监管机构不作为和乱作为。

二、引入国际环境管理标准，确立企业产品环境标志制度

自 2006 年财政部与原国家环保总局联合发布了《关于环境标志产品政府采购实施的意见》和《环境标志产品政府采购清单》开始，环境标志产品成为政府绿色采购的优先选择产品。文件规定，政府采购时要优先选择环境标志产品，否则财政部有权拒付采购基金。2008 年发布的《中国环境标志使用管理办法》第 2 条作了明确规定，中国环境标志是由环境保护部确认、发布，并经国家工商行政管理总局商标局备案的证明性标识。明确环境标志是由环保部在工商行政管理总局注册，以环保部这个行政部门为所有人的，能证明商品或服务的环境特性的证明商标。第 5 条规定，认证机构与通过中国环境标志认证的产品生产企业签订中国环境标志使用协议。但是，目前我国环境标志并未形成一个完整的法律规范体系，有关环境标志的规定

---

[1] 陈冠华："企业环境责任立法问题研究"，载《北京林业大学学报（社会科学版）》2017 年第 3 期。

[2] 吕忠梅："监管环境监管者：立法缺失及制度构建"，载《法商研究》2009 年第 5 期。

散见于各层级的法律规则之中,其中有关环境标志内容的法律有:《刑法》《商标法》《标准化法》《反不正当竞争法》《产品质量法》等;行政法规有:《认证认可条例》《商标法实施条例》《中华人民共和国标准化法实施条例》等;部门规章有:《集体商标、证明商标注册和管理办法》《认证证书和认证标志管理办法》《中国环境标志使用管理办法》《环境标志产品保障措施指南》《环境标志产品技术要求编制技术导则》等,这些法律、行政法规及部门规章构成了环境标志的法律渊源。

　　环境标志的国家标准并不必然构成环境标志的法律渊源。蔡守秋教授认为,环境标准只有与有关环境标准的法律规定即环境标准法结合在一起,才能成为环境法体系中的组成部分,"如果没有环境标准法,环境标准就不可能进入环境法体系"。[1]并且,作为我国环境标志法律渊源,整体法律位阶偏低。虽然有一些相关内容散见于《刑法》《商标法》《产品质量法》《反不正当竞争法》等法律中,但并无明确的法律约束性规范,直接相关内容多是以部门规章形式出现的。有关环境标志最直接的规则是《认证证书和认证标志管理办法》《集体商标、证明商标注册和管理办法》《中国环境标志使用管理办法》《环境标志产品保障措施指南》及《环境标志产品技术要求编制技术导则》等。这些规则主要是由各部委制定的部门规章,属于较低位的法律层阶,对环境标志的法律效力自然会有局限。

　　综上分析,我国需要建立一个系统的环境标志法律体系,通过法律的有效实施,充分发挥环境标志这一环境保护政策的作用。首先,确定环境标志的法律属性及其内涵,即明确环境标志作为商标的性质,环境标志不仅包含环境标志的认证和环

---

[1] 蔡守秋:"论环境标准与环境法的关系",载《环境保护》1995年第4期。

境标志的使用,还包括环境标志标准的制定、公众参与、监督管理等事项;对认证机构赋予一定的执法权,可以责令停止因生产产品不标注环境标志的违法行为。[1]其次,要提升环境标志制度立法的位阶,以维护其法律体系的权威。再次,要充分考虑立法的执行力和可操作性。法律规范仅仅是环境标志法律制度的基本要素,然"表象立法"却非我们所追求的目标。"立法是一回事,法律的内容与法律的执行程度,更是问题的关键。将立法与执行面结合起来看,方能看出问题的全貌。"[2]最后,完善与环境标志法律制度相配套的制度。环境标志计划的可信度是环境标志环境保护之功能目标得以实现的前提,而公众参与是环境标志计划透明度和可信度得以提高的基础,因此环境领域公众参与制度的完善对于环境标志环境保护目标的实现十分必要。此外,绿色采购对于环境标志产品和服务有着非同小可的支持。2006年原国家环保总局和财政部联合发布的《环境标志产品政府采购实施意见》和首批《环境标志产品政府采购清单》,于2008年1月1日起全面实施。这一举措促进了我国环境标志的发展,促使之前一直观望的众多企业参与到环境标志认证中来。[3]

我国于2001年将ISO14020国际标准转化为《环境管理环境标志和声明Ⅰ型环境标志原则和程序》国家标准(GB/T24020标准)。ISO14020国际环境标志标准是作为企业生产产品、提供服务的环境责任和市场衔接的准则。ISO14020系列标准是ISO14000族标准的重要组成部分,包括四个标准:ISO14020《环境管理

---

[1] 杨博文:"论气候人权保护语境下的企业环境责任法律规制",载《华北电力大学学报(社会科学版)》2018年第2期。

[2] 叶俊荣:《环境政策与法律》,中国政法大学出版社2003年版。

[3] 黄云:"我国环境标志法律制度分析",载《湖南大学学报(社会科学版)》2011年第2期。

环境标志和声明通用原则》、ISO14024《环境管理环境标志和声明Ⅰ型环境标志原则和程序》、ISO14021《环境管理环境标志和声明自我环境声明（Ⅱ型环境标志）》和 ISO/TR14025《环境管理环境标志和声明Ⅲ型环境声明》。我国已经将其转化为 GB/T24020、GB/T24024、GB/T24021 和 GB/T24025。其中 ISO14020（环境管理、环境标志和声明、通用原则）为环境标志及声明的使用及发展建立了指导方针，ISO14020 系列中的其他标准要求与这项标准中陈述的原则保持一致。ISO14020 为环境标志的发展规定了如下九条指导方针：第一，环境标志和声明必须是准确的、可验证的和非误导性的；第二，用于环境标志和声明的程序和要求的制定、采纳和应用不得以制造不必要的国际贸易壁垒为目的或产生此类效果；第三，环境标志和声明必须以足够严谨的科学方法为基础，该方法学应该足够彻底、全面，从而能够支持所做说明，并能获得准确和可再现的结果；第四，用来支持环境标志和声明的程序、方法学和准则的信息必须具有可得性，并可应所有相关方要求予以提供；第五，环境标志和声明的制定必须考虑产品生命周期的所有相关因素；第六，环境标志和声明不得阻碍能够保持环境行为或具有改善环境表现潜力的革新；第七，任何与环境标志和声明有关的行政要求或信息需求都必须保持在符合适用准则和标准所需的限度上；第八，环境标志和声明的制定过程应该是开放的并且有相关方参与，在此过程中应作出必要的努力以求得共识；第九，购买方和潜在购买方必须能从使用环境标志和声明的一方获得与环境标志和声明有关的产品和服务的环境因素信息。鉴于 ISO14000 在国际上的权威地位，众多国家已经予以直接适用或将其转化为国家标准。因此，由 ISO 来制定一套国际适用的环境标志统一体系是完全有可能的。如何构建出一个既能实现环境标志的国际统一化、又不会使全球整体环境保护水平下降的环境标志国际统一体系？一种折中的做法是对于经济发展和环境保护水平处于相同或相近水平的国家和地区实行分别不同的统一方式。例如，考虑建立发达国家环境标志体系和最低限度标准环境标志体系，即对于发达国家和发展中国家适用不同的标志。也有学者提出，可以由国际社会共同制定一个分级别的环境技术标准，对符合不同标准的产品给予不同的关税待遇。在发达国家、发展中国家和最不发达国家之间可以体现出适当的差别，以发达国家的标准为基准，可将其中等标准作为发展中国家的高等标准，将其较低标准作为最不发达国家的高等标准。这其中，具体的技术参数如何确定，不同级别的标准如何制定则应交由专门的国际组织或特定的工作组进行。[1]

三、优化对地方政府的政绩考核制度

我国对地方政府党政干部绩效考核评价和政治晋升的依据是2019年3月发布《党政领导干部选拔任用工作条例》。该条例第27条规定，考察党政领导职务拟任人选，必须依据干部选拔任用条件和不同领导职务的职责要求，全面考察其德、能、勤、绩、廉。注重考察工作实绩，深入了解履行岗位职责、推动和服务科学发展的实际成效。考察地方党政领导班子成员，应当把有质量、有效益、可持续的经济发展和民生改善、社会和谐进步、文化建设、生态文明建设、党的建设等作为考核评价的重要内容，更加重视劳动就业、居民收入、科技创新、教育文化、社会保障、卫生健康等的考核，强化约束性指标考核，加大资源消耗、环境保护、消化产能过剩、安全生产、债务状况

---

[1] 张国元：《博弈与协调——WTO的实质内涵与全球贸易治理机制》，法律出版社2012年版。

等指标的权重，防止单纯以经济增长速度评定工作实绩。考察党政工作部门领导干部，应当把执行政策、营造良好发展环境、提供优质公共服务、维护社会公平正义等作为评价的重要内容。这一规定显示了对政府党政干部政绩从单纯以经济 GDP 增长为核心的政绩转向以更加综合的角度进行考核，考核评价包括经济发展、环境保护和群众满意度等多项内容。

客观地讲，在地方政府党政干部实际运行的考核评价中，经济 GDP 指标依然是考核评价地方政府党政干部政绩的主要指标和决定地方政府党政干部能否得到晋升的主要依据。在我国党政干部政治晋升的等级体系中，地方政府党政干部是由中央政府或上级政府委任的，从而形成了一种基于上级政府考核评价的政治晋升机制。[1]在这种考核评价方式和晋升激励机制下，当地方经济发展与生态环境保护难以协调时，地方政府可能会在两难之下倾向于地方经济发展而忽略了生态环境保护，导致中央政令得不到贯彻落实，生态环境监管法律法规得不到有效执行。因此，建立正确的激励机制是地方政府积极履行职责和有效运作的关键。解决地方政府生态环境监管动力不足问题，可通过优化政绩考核评价制度调动与强化地方政府生态环境监管内驱动力。政绩考核评价制度和政治晋升机制是对地方党政干部最为有效的激励机制。[2]调动与强化地方政府生态环境监管动力，必须优化地方政府党政干部政绩考核评价制度，切实将经济与环境综合 GDP 纳入地方政府党政干部政绩考核评价中。首先，要确保经济与环境综合 GDP 环境指标的"科学性"

---

〔1〕 王永钦等："中国的大国发展道路——论分权式改革的得失"，载《经济研究》2007 年第 1 期。

〔2〕 张凌云、齐晔："地方环境监管困境解释——政治激励与财政约束假说"，载《中国行政管理》2010 年第 3 期。

"可测性"和"可控性"。"科学性"是指经济与环境综合 GDP 指标的设立要有可信的技术基础;"可测性"是指经济与环境综合 GDP 指标能够容易且准确地测度;"可控性"是指经济与环境综合 GDP 指标要能与地方政府党政干部的努力存在足够的关联。[1]其次,实行生态环境保护监测数据的统一管理与及时公开,为经济与环境综合 GDP 考核评价提供数据保障。客观、全面、准确、可信的数据是经济与环境综合 GDP 考核评价激励机制有效发挥作用的基础,为了防止地方政府应对生态环境考核评价中的数据造假、篡改等行为,要制定生态环境监测数据获取和统计统一标准,实行生态环境监测数据的统一管理与及时公开,确保经济与环境综合 GDP 考核评价的公正性和真实性。最后,将经济与环境综合 GDP 考核评价结果作为地方政府党政干部政治晋升的重要考察依据,并与重大生态环境问题政治问责、终身追责制度挂钩。

第二节　企业层面

一、建立企业环境责任内部控制机制

为了真正地履行企业环境责任,企业要建立以"预防为主,控制为辅"的环境防控机制,制定企业环境风险预测系统。环境风险预测系统的有效运行不仅可以帮助企业降低在面临环境问题时受到的损失,也能从根源上对环境风险进行防治。企业在建立自身的监督机制时,应当在公司决策过程中充分考虑各种环境责任要素,可以在公司董事会设立专门的环境责任或社

---

[1] 齐晔、张凌云:"'绿色 GDP'在干部考核中的适用性分析",载《中国行政管理》2007 年第 12 期。

会责任委员会，专门研究解决公司环境责任及社会责任问题，并对相关决策的实施进行监督。

环境问题的发生往往具有很大的突然性，但我国企业对环境应急能力不足，使得问题发生后很难即刻得到有效处理，以致环境污染事件继续恶化，对社会公共利益造成特别严重的危害。完善企业的环境应急能力可以帮助企业在发生环境问题的情况下及时做出判断和应对措施，使环境问题在第一时间内得到有效的控制从而降低问题恶化的可能性。这就需要企业在日常生产活动中通过经常组织环境突发问题应对措施的知识讲座和组织企业人员进行环境突发问题应对演习，提高企业员工的警惕性，增强企业员工的实践能力。同时，加大对环境保护设施采购的资金投入并配备具备相关知识的专业人员，配合制定环境污染应急措施执行细则，形成完整的环境应急系统，把企业控制突发性环境问题的能力提升至最大化。

二、完善企业环境责任保险制度

2015年施行的《环境保护法》第52条规定"国家鼓励投保环境污染责任保险"，这在法律层面明确规定了环境污染责任保险制度的地位。2015年9月，中共中央、国务院发布《生态文明体制改革总体方案》，要求在环境高风险领域建立环境污染强制责任保险制度，环境污染强制责任保险制度改革问题被提上日程。2018年5月，生态环境部审议并原则通过《环境污染强制责任保险管理办法》，该办法规定，在中华人民共和国境内从事环境高风险生产经营活动的企业事业单位或其他生产经营者（简称环境高风险企业），应当投保环境污染强制责任保险。需要投保环境污染强制责任保险的企业具体包括：从事石油和天然气开采，基础化学原料制造、合成材料制造，化学药品原

第八章 强化我国企业环境责任的制度选择

料药制造，Ⅲ类及以上高风险放射源的移动探伤、测井；收集、贮存、利用、处置危险废物；建设或者使用尾矿库；经营液体化工码头、油气码头；生产、储存、使用、经营、运输《突发环境事件风险物质及临界量清单》所列物质并且达到或者超过临界量；生产《环境保护综合名录（2015年版）》所列具有高环境风险特性的产品；从事铜、铅、锌、镍、钴、锡、锑冶炼，铅蓄电池极板制造、组装，皮革鞣制加工，电镀，或生产经营活动中使用含汞催化剂生产氯乙烯、氯碱、乙醛、聚氨酯等。环境污染强制责任保险的保险责任包括：①第三者人身损害。环境高风险企业因突发环境事件或者生产经营过程中污染环境，导致第三者生命、健康、身体遭受侵害，造成人体疾病、伤残、死亡等，应当承担的赔偿责任。②第三者财产损害。环境高风险企业因突发环境事件或者在生产经营过程中污染环境，直接造成第三者财产损毁或价值减少而应当承担的赔偿责任。③生态环境损害。环境高风险企业发生较大、重大或者特别重大突发环境事件，导致生态环境损害而应当承担的赔偿责任，包括生态环境修复费用、生态环境修复期间服务功能的损失、生态环境功能永久性损害造成的损失以及其他必要合理费用。④应急处置与清污费用。环境高风险企业、第三者或者政府有关部门、公益组织等机构，为避免或者减少第三者人身损害、财产损失或者生态环境损害而支出的必要、合理的应急处置费用、污染物清理费用。从投保环境污染强制责任保险的企业范围来看，该办法的适用范围比较狭窄，对于一些普通的也有污染环境可能性的制造企业没有强制性规定；同时，该办法采用一刀切的手段规范全国的统一适用标准，没有完全顾及我国区域经济发展不平衡而由此带来的环境污染承受力的明显差异。

自2013年以来，以《关于开展环境污染强制责任保险试点的指导意见》为根据,我国一些地方进行了保险试点,试点过程中出现了一些问题需要通过制度层面予以解决。

(1) 投保赔付率低。根据调研,地方环保部门与投保企业普遍反映环境污染责任保险赔付率极低,赔付率低的原因主要是:首先,环境污染责任风险本身为低频高损风险,从短期内、单个企业视角看,赔付率必然较低。其次,在理赔定损上,投保企业与保险公司尚未达成共识。环境污染责任保险试点尚未建立通用的理赔定损规则,很多企业认为该赔的保险公司未赔,特别是在直接损失与间接损失的认定上,没有统一界定。此外,在环境污染事故性质认定上,保险公司一般要求出具环保部门的事故认定证明才进行理赔,但环保部门本身目前并不具有为市场出具环境事故证明的职能或法律责任,当环保部门无法出具或不愿出具该证明时,损失就得不到赔偿。

(2) 风险管理服务差异大。风险管理服务情况不理想的主要原因为:首先,评估费用与保费相比较高。保险公司不愿意从保费中分割经费开展风险评估与管理服务。环境污染责任保险试点政策并未对保费或风险保障限额提出要求。其次,市场技术条件不完善。根据调研,保险公司尚未掌握环境污染责任保险的风险评估技术、相关风险数据严重缺乏,保险公司无法独立开展风险评估。有些大型保险公司委托第三方机构在少数地方开展环境风险与风险管理服务。最后,缺乏环境污染责任风险评估指南。原国家环保部已经发布了《企业突发环境事件风险评估指南》,主要适用于环境应急管理中的风险评估,但环境污染责任保险中的风险评估不同于环境应急管理中的风险评估,更关注其法律责任风险。目前,环境污染责任保险风险评估机构根据现有企业环境风险评估指南等评估出的环境风险,在很大程度上是发生环境事件的风险,但发生环境事件后是否会产生环境损害责任、生态修复责任、清污责任以及上述法律责任的额度等，都不能根据企业环境风险评估指南得到准确评估。

我国在环境污染强制责任保险立法进程中，应当明确环境污染强制责任保险制度的目标是为环境损害建立强制性的财务担保机制。目前，根据损害的受偿主体、损害计量所采用的计算方法等因素划分，我国法律上的环境损害可以分为三类：第一类为环境污染导致的传统损害，即人身伤亡与财产损害；第二类为生态环境损害；第三类为应急处置费用、事务性费用等。环境污染强制责任保险制度应当为上述不同类别的环境损害以不同形式提供适当的财务担保。根据环境损害的不同类别，应当建立不同的财务担保机制。上述三类环境损害，传统损害以及部分应急处置费用等适用于环境污染责任保险；生态环境损害、部分应急处置费用、事务性费用等适用于基于保险资金建立起的基金机制。因此，可以运用保险机制建立相应基金解决历史遗留、无主的环境损害、巨额的生态环境损害赔偿经费等问题。

三、健全生产者责任延伸制度

在德国、日本的循环经济立法中，都引入了生产者责任延伸的理念，生产者责任延伸制度在我国《清洁生产促进法》和《循环经济促进法》中均有规定，但遗憾的是，两部法律均未对不履行该义务的法律责任作出规定。明确的法律责任在一定程度上能对责任主体形成倒逼机制，是义务能够得到履行的重要保障。我国生产者延伸义务有强制性与自愿性之分，应在各部法律法规中对违反生产者强制性延伸义务应当承担的法律责任予以明确规定，对生产者不履行合理包装、废弃产品的再利用或无害化处理，以及缴纳废弃电器电子产品处理基金的义务的法律后果具体化，以促使生产者积极履行自身义务。另外，应当完善保障生产者延伸制度得以真正落实的配套制度。①尽快制定并出台产品或包装物的强制回收名录。产品或包装物的强制回收名录是实施生产者责任延伸制度的基础，是生产者承担强制回收和无害化处理义务的先决条件。依据《循环经济促进法》第15条的规定，国务院循环经济发展综合管理部门规定应尽快组织制定该强制回收名录，促进生产者回收利用义务的落实。②完善环境押金制度。将环境押金制度的适用范围覆盖到整个强制回收名录，采取对产品的购买者事先收取押金的形式，将购买者调动起来，促使其主动将废弃后的产品通过合理的方式返还生产者。押金的收取标准应综合考虑该回收物对环境可能产生的危害以及商品本身的价值进行科学设定，以免出现设置过低导致消费者不屑一顾或设置过高影响产品销售等情况。③搭建回收利用和无害化处置的信息平台。对于产品或包装物的回收利益和无害化处置，《循环经济促进法》规定了生产者可采用自己或委托其他组织进行两种方式。由于对废弃产品或包装的回收和无害化义务涉及生产者、消费者、受委托的组织以及政府等多个主体，有关行政部门或环保机构可建立网站发布本区域企业和有资质组织的相关信息，建立一个公共信息交流平台；生产企业和有资质的组织也可在本企业网站上向社会公众发布相关信息；生产者还可通过在包装上注明或印制二维码的方式，向消费者传递回收信息。

四、完善环境损害补偿基金制度

环境损害补偿基金是用于污染防治及与其相关事务（如对污染受害者的补偿）的环境基金。环境侵权的原因行为往往具有社会有用性、价值正当性、合法性和不可避免性，因此环境侵权救济不能完全同于传统民法上的侵权救济方式。对于企业的生产经营活动而言，过于严厉的环境保护要求会限制企业的发展；如果对企业的行为过于放纵，一旦造成了环境污染，恢复环境原有功能的费用往往是巨额的。要解决这一矛盾，就要突破原有的侵权赔偿责任理论，将环境侵权责任社会化，就是"个人的不幸将由整个社会来负担"。环境损害补偿基金具有兜底性、补充性、公益性的特征，是一种社会化的责任承担方式。它为环境侵权行为人治理污染提供资金援助，对他们的生产技术改造提供资金支持，甚至对于污染者的赔偿提供资金。环境损害补偿基金制度体现了一种合作的观念，有效地平衡了国家、污染者、社会公众等多种利益。

在我国，环境损害补偿基金的渊源最早可以追溯到1988年颁布的《国务院基金会管理办法》，现在修订为2018年的《基金会管理条例》。1988年7月，国务院发布《污染源治理专项基金有偿使用暂行办法》，对基金定义予以界定，对基金的试用对象、试用范围、试用条件等进行了初步规定。2012年，财政部、交通运输部联合制定的《船舶油污损害赔偿基金征收使用管理办法》规定，凡在中华人民共和国管辖水域内接收从海上运输持久性油类物质的货物所有人或其代理人，应当按照本办法规定缴纳船舶油污损害赔偿基金。该基金的设立使得船舶油污损害得到充分补偿，为清理海上油污损害提供了资金支持和保障。2013年修订的《海洋环境保护法》明确了建立油污损害补偿基金制度；2015年施行的《环境保护法》明确声明，其立法目的是保护和改善环境，防治污染和其他公害，保障公众健康，推进生态文明建设。由此可见，《环境保护法》的立法原则和理念与环境损害补偿基金制度的原则和理念高度契合。

立法未动，实践先行。我国的环保类基金出现了很多的区域试点，并取得了一定的成效。1993年4月，中国环境保护基金会成立,这是中国第一个专门从事环境保护事业的基金会,是具有独立法人资格、非营利性的社团组织,于2005年获得联合国经济及社会理事会的"专门咨商地位"。中国环境保护基金会建立了严格的资金筹集、管理和使用制度并接受政府有关部门、捐赠者和公众的监督,本着"取之于民,用之于民,造福人类"的原则广泛筹集资全,并将之用于奖励在环境保护工作中作出突出贡献的单位和个人,资助与环境保护有关的活动和项目,促进中外环境保护领域的交流与合作,推动中国环境保护事业的发展。2002年,由青云创投发起成立了中国环境基金,这是国内第一支致力于清洁技术领域投资的海外系列创业投资基金,也是全球最早的清洁技术基金之一。2003年,广东省成立了环境保护基金会,其目的在于唤起公众环保意识、动员公众积极参与。通过多种渠道和新颖方式筹集资金,为全省的环保事业作出贡献。该基金会还设立了防治白色污染专项基金,丰富了环境损害补偿基金的内容。2007年,北京市成立了环境保护基金,性质上属于公募基金。其宗旨是发动全社会力量,为改善和保护北京市环境事业作出贡献。2007年,大连市成立了无主溢油应急基金会,目的在于补偿船舶溢油造成的海洋环境损害,具有公益性质。截至2012年,我国关注环保领域的基金会约有95家。这些环境公益组织的活跃为下一步环境损害补偿基金立法在全国推行奠定了法律基础和组织基础。

至于环境损害补偿制度立法的模式,我们可以借现在制定《民法典》的时机,将环境损害补偿基金制度作为民事责任领域的一部分,在《民法典》中的"环境侵权责任承担"章节将环境损害补偿基金入法。未来条件成熟时,可以进行环境损害补偿的专门性立法。因为环境损害补偿基金以发生环境损害为前提,以传统的民事救济框架为基础,是民事救济体系的重要补充。补偿基金在无法准确定位加害人或者能够准确定位但加害人无能力偿付而导致受害人无法得到补偿或足额补偿时发挥作用，所以，应当严格环境损害补偿基金的申请条件，提出申请的主体必须是因环境损害事件而遭受直接损失或间接损失的受害者；提出申请的内容即导致损害发生的行为类型必须符合相关规定；存在受害人通过传统民事手段或行政手段仍然无法得到救济或足额救济时，才可以提出申请。通过严格的申请条件和资格审查程序，防止少数人不当获取补偿基金。在环境损害补偿基金制度立法和施行中，基金来源是我们应当高度关注的问题。在此方面，我国有建立该制度的社会基础，具体可以借鉴社会援助基金、国家赔偿金、企业互助基金[1]等基金运作经验，通过税费倾斜、政府专项财政拨款、高危污染企业筹集基金及通过社会筹集等多种方式形成补偿基金，并成立组织对该基金进行专项管理。

第三节　司法层面

一、《环境保护法》为环境司法提供制度支持

当环境行政监管无法发挥其作用时，司法机关可以对因环境问题而受到损失的利益相关者提供救济渠道，从而倒逼企业认真履行环境责任。《环境保护法》为环境司法活动的开展所提供了制度性支持。

（1）在证据制度支持方面。《环境保护法》第17条规定，国

---

[1] 企业互助基金制度是指具有危险的同类企业之间相互约定预先缴纳部分金额，作为建立互助基金的资金，当成员中任何一个企业因环境损害而被要求赔偿时，由互助基金先行支付赔偿金，其后再由被索赔的企业在一定时间内将资金逐步返还给该互助基金组织。

家建立、健全环境监测制度。国务院环境保护主管部门制定监测规范，会同有关部门组织监测网络，统一规划国家环境质量监测站（点）的设置，建立监测数据共享机制，加强对环境监测的管理。有关行业、专业等各类环境质量监测站（点）的设置应当符合法律法规规定和监测规范的要求。监测机构应当使用符合国家标准的监测设备，遵守监测规范。监测机构及其负责人对监测数据的真实性和准确性负责。基于保证环境监测的准确性和公正性，《环境保护法》第18条规定，可以委托专业机构作为第三方对环境状况进行调查、评价，建立环境资源承载能力监测预警机制。该条规定不仅体现了专业机构在运用科学技术手段调查、评价环境状况中的科学性，更保障了社会化监测、鉴定机制对于环境污染、损害等事实查明过程和结果上的公正和透明，符合现代环境法治民主化的基本逻辑。《环境保护法》第63条规定，企业事业单位和其他生产经营者有下列行为之一，尚不构成犯罪的，除依照有关法律法规规定予以处罚外，由县级以上人民政府环境保护主管部门或者其他有关部门将案件移送公安机关，对其直接负责的主管人员和其他直接责任人员，处10日以上15日以下拘留；情节较轻的，处5日以上10日以下拘留：建设项目未依法进行环境影响评价，被责令停止建设，拒不执行的；违反法律规定，未取得排污许可证排放污染物，被责令停止排污，拒不执行的；通过暗管、渗井、渗坑、灌注或者篡改、伪造监测数据，或者不正常运行防治污染设施等逃避监管的方式违法排放污染物的；生产、使用国家明令禁止生产、使用的农药，被责令改正，拒不改正的。《环境保护法》的这些规定，为环境诉讼案件中的事实查明、证据固定提供了可靠的科学依据，构成了环境司法运行的特有证据制度支持。

（2）在环境诉讼模式的类型化方面。基于《民事诉讼法》

增加了公益诉讼条款,《环境保护法》第58条对有权提起环境公益诉讼的主体作了资格方面的限定,规定"依法在设区的市级以上人民政府民政部门登记"且"专门从事环境保护公益活动连续五年以上且无违法记录"的社会组织可以向人民法院提起有关污染环境、破坏生态、损害社会公共利益的诉讼。以此为依据,针对环境污染和生态破坏的行为,不同社会主体参与环境司法有了明确的制度保障。

（3）在环境损害救济范围方面。广义的环境损害在结果上既可引起公私财产利益的损失,也可引起社会公众人身利益的损失,还可引起生态环境自身利益的损失。《环境保护法》对环境损害进行了类型化规定,不仅将因环境污染和生态破坏造成的人身利益和经济利益的损失纳入环境司法救济范围之中,还将因环境污染和生态破坏造成的生态利益的损失也纳入环境司法救济范围之中。[1]《环境保护法》第57条、第58条、第64条、第65条、第68条第（四）项等条款均对环境损害进行了类型化表述,规定环境损害包括"污染环境"类损害和"破坏生态"类损害两大类型。以环境损害类型化为基础的"污染环境"类损害和"破坏生态"类损害分别救济制度形成了《环境保护法》对环境司法运行的重要制度支持。虽然《环境保护法》的环境司法功能有了制度上的体现,但所体现出来的环境司法的操作性不强,缺乏司法适用性,这必然使得环境司法在实践中的运行效果大打折扣。

二、建立环境行政与环境司法联动机制

在环境法治进程中,环境行政和环境司法构成了我国现代

---

[1] 柯坚:"建立我国生态环境损害多元化法律救济机制:以康菲溢油污染事件为背景",载《甘肃政法学院学报》2012年第1期。

环境法治最为重要的两大领域，从环境法治的系统性、协调性考察，环境行政与环境法治在"存异"前提下的"求同"联动无疑是环境法治的整体主义思维，旨在通过机制合作的方式"取长补短"，进而形成环境法治机制合力，实现我国环境法治的整体效果。具体来讲，要完善环境执法与司法衔接的制度安排，对环境司法的立案条件、审判时限、取证规则和判决执行等制定统一的规则。通过完善法律法规、设置环保法庭、行政执法与刑事司法联动等方式，使环境监管执法与司法制度能够做到有效衔接。从机构设置、工作流程、技术规范上完善环境污染损害评估与赔偿相关制度，为环境司法提供有效支撑。

在我国环境法治实践中，建立环境行政与环境司法之间的联动机制的积极尝试已在不同层面展开，如原国家环保总局等联合发布的《关于环境保护行政主管部门移送涉嫌环境犯罪案件的若干规定》、原环境保护部和公安部联合发布的《关于加强环境保护与公安部门执法衔接配合工作的意见》以及云南省昆明市中级人民法院、人民检察院、公安局、原环保局于2008年11月5日联合发布的《关于建立环境保护执法协调机制的实施意见》等。可以说，已有的联动实践为建立我国环境行政与环境司法之间的点式合作联动机制积累了较为充分的经验。当然，从现代环境法治的内在机理观察，我国环境行政与环境司法之间联动机制的应然模式不能仅仅局限于点式合作联动机制。结合现代环境法治中行政机制、市场机制、社会机制的功能优势和最高人民法院提出的建立"政府主导、公众参与、司法保障的环境资源司法新格局"的要求，我国环境行政与环境司法之间联动机制的理想模式应当是建立在现代环境法调整机制整合基础之上，以实现政府、企业、公众、司法机关之间关系的动态平衡和良性互动为目的的递进式、整体性全方位联动新机制。

四、完善环境公益诉讼制度

环境公益诉讼作为生态环境保护的重要司法救济制度近年来备受环境法学界和司法实务部门的关注。2014年修订的《环境保护法》规定了环境公益诉讼制度，其中第58条规定："对污染环境、破坏生态，损害社会公共利益的行为，符合下列条件的社会组织可以向人民法院提起诉讼：（一）依法在设区的市级以上人民政府民政部门登记；（二）专门从事环境保护公益活动连续五年以上且无违法记录。符合前款规定的社会组织向人民法院提起诉讼，人民法院应当依法受理。提起诉讼的社会组织不得通过诉讼牟取经济利益。"2015年1月，最高人民法院审判委员会通过了《关于审理环境民事公益诉讼案件适用法律若干问题的解释》，进一步理顺和完善了环境民事公益诉讼制度。2015年7月，全国人民代表大会常务委员会授权检察机关在试点地区探索环境公益诉讼实践。随后，最高人民检察院发布《检察机关提起公益诉讼试点方案》，检察机关开始探索在全国13个试点地区开展环境公益诉讼的实践。2017年颁布的《民法总则》第9条规定，"民事主体从事民事活动，应当有利于节约资源、保护生态环境"，首次将"绿色原则"确立为民法的基本原则。《民法典侵权责任编（草案）》用两个条文对环境公益诉讼制度作出了规定，为环境公共利益保护正式写入民法典奠定了良好的基础。

2017年修订的《民事诉讼法》第55条规定："对污染环境、侵害众多消费者合法权益等损害社会公共利益的行为，法律规定的机关和有关组织可以向人民法院提起诉讼。人民检察院在履行职责中发现破坏生态环境和资源保护、食品药品安全领域侵害众多消费者合法权益等损害社会公共利益的行为，在没有前款规定的机关和组织或者前款规定的机关和组织不提起诉讼的情况下，可以向人民法院提起诉讼。前款规定的机关或者组织提起诉讼的，人民检察院可以支持起诉。"2017年修订的《行政诉讼法》第25条规定，人民检察院在履行职责中发现生态环境和资源保护、食品药品安全、国有财产保护、国有土地使用权出让等领域负有监督管理职责的行政机关违法行使职权或者不作为，致使国家利益或者社会公共利益受到侵害的，应当向行政机关提出检察建议，督促其依法履行职责。行政机关不依法履行职责的，人民检察院依法向人民法院提起诉讼。两部程序法针对环境公益诉讼进一步明确了提起环境公益诉讼的主体资格和诉讼流程，为环境公益诉讼实践提供了诉讼支持。

《环境保护法》《民事诉讼法》《行政诉讼法》解决了环境公益诉讼的诉权问题，但对于环境公益诉讼的请求权基础等实体权利规则，则始终缺乏法律依据。目前与环境侵权有关的法律主要包括《物权法》第七章的相邻关系和《侵权责任法》第九章的环境污染责任。其中，相邻关系适用范围有限，一般是处理民事主体之间的通风、采光、噪声等邻里纠纷，与大范围的大气、水、土壤污染相去甚远，难以适用；环境污染责任则受到《侵权责任法》第2条的规制，仅适用于污染环境、破坏生态导致人身、财产损害的情形，不涉及环境公共利益的保护，难以为环境公益诉讼建构扎实的实体制度安排。我国环境公益诉讼注重对环境公共利益的损害填补，以环境公共利益求偿的方式保护环境公共利益。这就使得我国环境公益诉讼制度的发展走向民法化，即以《侵权责任法》所规定的侵权法律关系的构成要件为基础，以损害行为与损害结果及其因果关系作为环境公益诉讼的起诉标准。在侵权法律关系构成要件的主导下，损害结果也必然成为环境公益诉讼的关键要素。现行《侵权责任法》在为环境公益诉讼制度提供实体法依据的同时，也为环境公益诉讼制度的发展套上了枷锁：司法实践难以按照生态环境保护的客观要求探索有别于传统侵权之诉的裁判规则；理论研究则始终受到侵权责任一般理论的限制，无法发展出具有时代精神的环境公益诉讼理论体系。[1]因此，司法机构对《环境保护法》《行政诉讼法》的直接解释和适用更为重要，而不仅仅依赖于《侵权责任法》《民事诉讼法》，在提起环境公益诉讼的法律依据方面应当作出突破。《环境保护法》第5条规定："环境保护坚持保护优先、预防为主、综合治理、公众参与、损害担责的原则。"上述规定体现了环境保护应当坚持保护优先、预防为主原则，因此，该条同样适用于环境污染和生态破坏行为。第58条规定，"对污染环境、破坏生态，损害社会公共利益的行为，符合下列条件的社会组织可以向人民法院提起诉讼"。上述规定并未明确必须具有损害结果，因此可以直接作为环境公益诉讼启动的法律依据。在《环境保护法》中可以增加一条规定，"对可能造成污染环境和破坏生态的行为或负责的行政机关怠于履行环境监管职责，符合起诉资格的环保组织或人民检察院有权申请法院发布禁止令"。[2]

第四节 现有环保法律制度的衔接整合

一、环境影响评价制度与排污许可制度的衔接

为了保护生态环境，我国的环境法律规定了一系列的环境

---

[1] 江必新："中国环境公益诉讼的实践发展及制度完善"，载《中国人大》2019年第11期。

[2] 唐瑭："风险社会下环境公益诉讼的价值阐释及实现路径——基于预防性司法救济的视角"，载《上海交通大学学报（哲学社会科学版）》2019年第3期。

管理制度。为了预防环境污染破坏，法律规定了环境规划制度、环境影响评价制度、"三同时"制度等；为了防治生产经营过程中的环境污染破坏，法律规定了排污申报登记制度、污染物排放总量控制制度、排污许可制度、限期淘汰严重污染环境的落后生产工艺设备制度、环保设施正常运转制度、环境监测制度、征收排污费制度等；为了解决已经建成的项目造成环境污染破坏，法律规定了限期治理制度、限制生产、停产整治、停业关闭制度等。其中，环境影响评价制度和排污许可制度作为目前我国对污染源进行管理的两项核心制度，是减少人类经济活动对环境影响的两个重要途径。两者相较，可以总结出：①环境影响评价制度是事前许可，重点在于事前的预防，根据科研报告及相关项目的类比数据对污染物的排放情况进行预测及推算，对存在潜在环境影响风险的项目不予通过，并督促其进行整改。因其是一种预测性的评价，所以环境影响评价报告中的数据可能会与实际数据有一定的偏差。而排污许可制度则是事中或事后许可，重点在于事后的监管，并根据实际物料消耗量、监测数据等核算污染物的排放情况。现阶段在环境影响评价中用于预测的技术方法不能根据企业的实际监测数据去优化，同时在发放排污许可证时也未能做到利用环境影响评价中的方法对企业监测数据的合理性进行验证。②排污许可制度只关注污染物的排放浓度及排放方式等要素；从污染物的种类来看，排污许可制度只对废水和废气两个类型的污染物进行许可，噪声、固体废弃物等则未被纳入；而环境影响评价制度既关注项目污染物产生的过程如工艺方案、原料使用情况等，又关注污染物的治理过程以及污染物末端排放情况等。[1]从污染物的种类来看，

---

〔1〕 罗吉：《完善我国排污许可证制度的探讨》，载《河海大学学报（哲学社会科学版）》2008年第3期。

环境影响评价制度则涵盖了所有污染物类型如废水、废气、噪声和固体废弃物等。[1]③环境影响评价制度侧重于考察污染物排放强度对环境的影响，而排污许可制度则倾向于排放的污染物对大气、土壤及水体等产生的影响进行定量分析。因此，两者之间还存在许多不匹配的地方，缺乏有效结合的技术基础。④在环境影响评价报告编制过程中，应考虑所评项目所在地污染物的排放总量以及该项目的排污许可情况，从而得出与实际环境影响相一致的环境影响评价结论，使得环境影响评价的结论与实际生产过程中的排污许可及其环境影响有效衔接起来。[2] 2017年，原国家环保部发布了《关于做好环境影响评价制度与排污许可制衔接相关工作的通知》，该通知指出：①环境影响评价制度是建设项目的环境准入门槛，是申请排污许可证的前提和重要依据。排污许可证是企事业单位生产运营期排污的法律依据，是确保环境影响评价提出的污染防治设施和措施落实落地的重要保障。各级环保部门要切实做好两项制度的衔接，在环境影响评价管理中，不断完善管理内容，推动环境影响评价更加科学，严格污染物排放要求；在排污许可管理中，严格按照环境影响报告书以及审批文件要求核发排污许可证，维护环境影响评价的有效性。②做好《建设项目环境影响评价分类管理名录》和《固定污染源排污许可分类管理名录》的衔接，按照建设项目对环境的影响程度、污染物产生量和排放量，实行统一分类管理。纳入排污许可管理的建设项目，可能造成重大环境影响、应当编制环境影响报告书的，原则上实行排污许可

---

[1] 卢瑛莹等："基于'一证式'管理的排污许可证制度创新"，载《环境污染与防治》2014年第11期。

[2] 易玉敏、陈晨："我国环境影响评价制度与排污许可制度整合和拓展过程中的问题解析及解决途径"，载《环境科学导刊》2016年第4期。

重点管理；可能造成轻度环境影响、应当编制环境影响报告表的，原则上实行排污许可简化管理。③环境影响评价审批部门要做好建设项目环境影响报告书（表）的审查，结合排污许可证申请与核发技术规范，核定建设项目的产排污环节、污染物种类及污染防治设施和措施等基本信息；依据国家或地方污染物排放标准、环境质量标准和总量控制要求等管理规定，按照污染源源强核算技术指南、环境影响评价要素导则等技术文件，严格核定排放口数量、位置以及每个排放口的污染物种类、允许排放浓度和允许排放量、排放方式、排放去向、自行监测计划等与污染物排放相关的主要内容。环保部门的通知为环境影响评价制度与排污许可制度的相互衔接提供了政策支持。但是，在相关的众多法律法规中，没有一部明确规定了两项制度之间的关系，使得两者之间缺乏有效的衔接。

环境影响评价制度与排污许可制度二者相辅相成，均是贯彻落实国家综合环境治理工作相关政策的主要制度，只有两者形成有效的衔接，使环境污染治理和污染源管理同步进行，才能取得保护环境的最佳效果。首先，环境影响评价报告的内容应考虑一个地方污染物的排放总量和所评项目的排污许可。如果一个项目的环境影响评价报告，不清楚一个地方的污染物排放总量要求，不知道所评项目在建成后所能够允许排放的污染物排放量，所得出的环境影响评价结论肯定无法与实际的环境影响相一致。但我国各地大多数建设项目，在进行环境影响评价时尚未申请排污许可，当然也就没有确定的污染物排放量，那么其环境影响评价报告也只能根据污染物排放浓度和排放速率来确定对环境的影响。虽然2011年9月1日发布的《环境影响评价技术导则总纲》规定了在环境影响评价中要考虑总量控制："在建设项目正常运行，满足环境质量要求、污染物达标排放及清洁生产的前提下,按照节能减排的原则给出主要污染物排放量。"但是,"给出的主要污染物排放量"是否就是以后排污许可证所允许的排放量,实际上是不可知的。要改变这种状况,就需要在环评之前,首先让项目建设单位向环保部门为项目申请一个排放许可,环境影响评价报告根据该排放许可提出建设项目所应采取的治理措施,这样才能使环境影响评价的结论与生产经营过程中实际的排污许可及其环境影响协调和衔接起来。其次,建设项目的环境保护措施竣工验收应与环评报告中所提出的治理措施及拟达标准相一致。建设项目环境保护设施的竣工验收合格是排污单位取得排污许可证的前提条件。虽然《建设项目竣工环境保护验收管理办法》和近年来发布的一些建设项目竣工环境保护验收技术规范都规定,在验收时要考虑"污染物排放符合环境影响报告书或者环境影响登记表和设计文件中提出的标准及核定的污染物排放总量控制指标的要求",但所有的规范都没有与排污许可证进行挂钩。如果一个项目既符合环境影响评价的要求,"三同时"验收也合格,最后拿不到排污许可证,还是无法进行生产和经营。因此,在建设项目竣工环境保护措施验收时,就应当考虑与排污许可证的颁发和许可证的排放要求相协调。[1]

二、排污许可制度与排污权交易制度的衔接

排污许可制度是为了规范企业排污行为,强化环境监管而建立的环境管理行政许可制度。排污许可制度是环境保护主管部门借以严控污染物排放、改善环境质量的重要监管执法依据。排污权交易则是指在总量控制的要求下,为促进环境资源的高

---

[1] 王灿发:"加强排污许可证与环评制度的衔接势在必行",载《环境影响评价》2016年第2期。

效配置，排污权以有偿方式在政府与排污企业、排污企业之间相互流转的交易活动。

　　建立排污权有偿使用和交易制度，是我国环境资源领域一项重要的制度改革。2016年，国务院印发的《控制污染物排放许可制实施方案》明确了排污许可制在固定污染源环境管理制度中的核心地位。排污许可制作为我国固定污染源环境管理的核心制度，实现企业环境行为的"一证式"管理是未来环境管理的主要目标。这就要求排污权交易制度应围绕排污许可制及总量控制制度进行相应调整；在排污许可制的推行过程中，应增加排污权有偿使用制度作为排污许可证制度配套的经济手段，完善排污权交易制度，赋予许可排放量以灵活性。[1]从实践视角来看，碳排放权交易制度和排污许可制是国际通行的环境管理制度，在制度的衔接上，美国马里兰州做出了初步的探索，如在电力企业排污许可证中对二氧化碳排放量、在线监测等作出规定，并与州二氧化碳排放权交易计划相衔接。美国实施的"酸雨计划"在常规污染物排放权交易与排污许可制的衔接上也进行了有益的探索，排污许可证是企业排污权确权的载体，并通过排污交易来加强排污许可证的动态化管理。[2]在我国现行法律体系下，首先，要保持排污权的产权属性和排污许可排放量的行政属性，在对排污权与排污许可证的有效期进行衔接时，除需重新核定排污权等情况外，还应保证已核排污权的合法有效性。对于已经核定或分配的排污权，应在排污许可证副本中载明排污权的种类和数量，保障排污权的法律地位；在排污单

---

〔1〕 王金南等："中国排污许可制度改革框架研究"，载《环境保护》2016年第Z1期。

〔2〕 蒋春来："基于排污许可证的碳排放权交易体系研究"，载《环境污染与防治》2018年第10期。

位的污染物排放总量控制目标未发生变化且未重新核定初始排污权时，其有效期限未满时，应保留原有有效期。在排污许可证有效期到期或换证时，则应重新核定初始排污权。其次，"一证式"管理后，在总量控制指标核算办法的衔接上，应设定初始排污权作为企业进行排污权交易的基准线，许可排放量作为初始排污权核定的最高限值，即初始排污权应小于等于排污许可证中登载的许可排放量。对于进入集中式水污染治理单位处理的排污单位，由于排放标准浓度限值选取口径的不同，应同步载明排入外环境和集中式水污染治理单位的排放限值，后期监管时建议设定不同的监管点位，同步制定特殊状态的监测管理要求，以保证排污单位合法正常运行。[1]最后，建议对环境质量不达标地区，以环境质量不恶化为前提，全面开展新建项目排污权有偿获得；对监测基础好、监管水平较高的行业和污染物，推动有条件的地区试点实施排污权交易。建立以国家排污许可证核发系统为基础的排污权交易管理平台，将排污许可证中的污染物排放数据作为排污权核定的依据。在核定初始排污权时，以许可排放量为上限；在核定可交易排污权时，以减排设施前后的实际排放量作为核算基数。[2]

因此，要建立以排污许可制为核心的排污权交易制度，方案设计与许可证制度的实施完全融合，把排污许可量作为排污权看待，排污许可量大小即是排污权的多少并以排污许可证为载体，排污权的分配、使用、清算依托排污许可证的核发、监管、年审等工作开展。具体流程是：①排污权获得。在排污单

---

[1] 宋国君、赵英熠："我国固定源实施排污许可证管理可行性研究"，载《环境影响评价》2016年第2期。

[2] 吴婷婷："排污权与排污许可制衔接探析"，载《环境影响评价》2017年第5期。

位申领排污许可证期间,环保主管部门对其允许排放的污染物种类、数量、有效期限、排放方式等进行核定。对于现有企业,直接核发排污许可证;对于新(改、扩)建项目,适当以较低价格形式有偿取得由老企业结余的排污权,出具《排污权购买通知书》,并在企业按规定有偿获得排污权后核发排污许可证。②排污权使用。排污单位在生产经营中严格按照排污许可证载明的相关要求排放污染物,使用排污权,可通过相关技术改造和治理提升,减少污染物排放量,结余排污权,接受监督管理,并提交执行年度报告。③排污权清算。环保主管部门结合污染源排污许可台账,对其年度实际排污量进行核定,并对排污单位年度排污权使用量进行清算。若年度许可量低于年度排污权使用量,按超许可证排污要求对排污单位进行处罚。若年度许可量超过年度排污权使用量,则进一步核定结余排污权。对有偿获得的结余排污权,或者通过关停并转、污染治理工程、技术改造等措施形成的结余排污权,出具排污权持有文书,并允许排污单位对其拥有的排污权进行转让、申请回购、注销等处置权。④排污权交易。拟转让结余排污权的排污单位,凭排污许可证,向交易机构提交转让委托申请,交易机构受理并审核通过后,在交易平台发布转让信息,通过统一交易平台组织排污单位买卖双方开展排污权交易,包括信息发布、撮合价格、组织签约、价款交割、出具鉴证、记载转让信息等。⑤交易后管理。在完成价款交割和缴纳手续费后,交易机构向购买方出具交易凭证,并在转让方的排污许可证上记载转让信息。购买方凭购买凭证领取排污许可证,转让方根据转让信息变更或注销排污许可证。[1]

---

[1] 蒋洪强等:"基于排污许可证的排污权交易制度改革思路研究",载《环境保护》2017年第18期。

三、环境税与其他相关环境保护的税种的协调

环境税的开征与我国原有的环境保护相关税齐头并进，相互协调，相辅相成，相互补充，共同促进我国绿色税制体系的构建，共同致力于我国的环境保护与经济发展，有利于实现资源型地区产业的转型升级。"立法目的是立法的方向，是立法价值、立法原则和立法精神的体现。"环境税与环境保护相关税的立法目的，均涵盖环境保护这一目标，不同的是各税种的侧重点不同。不同税收的立法目的从宏观层面出发，指导各税收微观税制结构的设置，从而更好地实现立法宗旨。但是由于专门的环境税在我国税收立法中长期缺位，环境保护相关税逐渐异化，充当着保护环境与调节资源的作用，环境保护税法的出台一方面有利于使环境税收更加专业化，但另一方面，立法宗旨与功能的相近会带来相关税种之间的交叉，不利于纳税人权利的保护。

资源税在开征伊始，主要以调节资源差级收入为首要目标。资源的开发虽然在经济发展初期对我国经济发展起着重要作用，但也由于过度开发等行为对资源造成不可逆转的破坏，特别对于资源型地区，生态破坏与资源枯竭日趋严重，经济亟待转型，资源税也在这样的大背景下进行改革，在国家财政部、国家税务总局颁发的《关于全面推进资源税改革的通知》中，明确了资源税改革的目标，将促进资源节约集约利用与环境保护引入税收体系。消费税的立法目的也相类似，首先以调节消费行为与增加财政收入为主，其次是环境保护。环境税、资源税与消费税三个不同税种之间，立法目的存在交叉，重叠的立法目的容易导致对纳税人的重复课征，造成不同法律的冲突，这样既不利于纳税人权利的保护，破坏税收公平原则，也容易造成法

律体系缺乏完整性，减损法律的权威。因此，我国必须解决环境税与环境保护相关税的协调问题。

自我国出台专门的环境税后，税种内部与税种之间的协调问题也日益凸显。目前我国征收的资源税明显存在范围过窄的问题，仅将原油、煤炭、天然气等作为应税品，已远远不符合现行经济的发展水平，特别对于资源型转型地区来讲，森林资源、水资源等也污染严重；环境税同时也规制水污染排放问题，本应由资源税征收的范围，同时也涉及环境保护税。资源型地区的产业多以高污染、高耗能为主，多数赖以生产的产品早已被开征消费税，在环境保护税开征后，此类企业在生产过程中排污的大量大气、水体、固体等废物必然同时会受到立法管制，纳税人负担加重。特别是对于成品油、天然气等能源燃料，由于其保持着自然资源的属性，在开采环节必须缴纳资源税，这就形成了环境税、资源税、消费税的"三重征税"。根据产品生命周期理论，分析三者之间的税制结构问题，可以得知，如煤炭、燃油作为原生材料的自然资源，应当属于第一道资源税的征收范畴，同时又基于国家财政收入的考量，该产品也被纳入消费税的征收范围，经生产环节使用后，该能源产生的废物又会是环境税的征税重点。环境保护税与环境保护相关税的征收，对我国经济的转型发展与生态调整有着重要意义，我们应在可持续发展理念的支配下，对现阶段存在的问题进行规整，以期实现环境保护税与相关税种之间的配合与协调。

由于我国同其他采用复合税制度的国家一样，都难以避免税制性重复征税的问题，环境税与资源税、消费税、车船税等传统绿色税种之间的重叠问题难以避免，如何在保证纳税人总体税负不产生较大变化的条件下，进行局部调整，使税制结构趋向完善，实现更好的环保效果是我们应该思考的问题。一方面，根据法理学原理，环境税作为税法中有关环境保护的特别税种，应享有法律适用的优先权；另一方面，环境保护税法在立法中开宗明义，明确以保护环境作为立法的主要目标，较之其他税种，环境调控功能居于主要地位，财政收入的功能处于次要地位。因此，基于环保功效的法律位阶划分，应以环境税优先。环境税作为国家税收的一种，具有所有税收的筹集财政收入的功能，又具有保护环境的特定功能。[1]一个完善的环境税收制度应当首先构建一个科学合理的环境税收体系，并在其中充分体现环境税收的目标和理念。[2]针对未来的发展趋势，我国应该充分借鉴国际经验，促进我国环境税制的体系化建设，构建绿色税种制度，形成以环境税为核心，其他相关税种作为辅助的综合的环境税体系。[3]

---

[1] 李慧玲："环境税立法若干问题研究——兼评《〈中华人民共和国环境保护税法〉（征求意见稿）》"，载《时代法学》2015年第6期。

[2] 刘田原："可持续发展视阈下中国环境税收制度研究：理论基础、现实困惑及改革路径"，载《河北地质大学学报》2018年第3期。

[3] 聂秀萍、李齐云："论我国环境税定位与改革"，载《湖北经济学院学报（人文社会科学版）》2018年第10期。

第九章
结　论

党的十八大以来，以习近平同志为核心的党中央，以高度理论自觉和实践自觉，把生态文明建设纳入中国特色社会主义事业"五位一体"总体布局中。2018年5月18日，在北京召开的全国生态环境保护大会是党的十八大以来规格最高、意义最深远的一次生态文明建设会议。会议取得的最重要理论成果是确立了"习近平生态文明思想"。习近平生态文明思想是新时代中国特色社会主义思想的重要组成部分，是对党的十八大以来习近平总书记围绕生态文明建设提出的一系列新理念、新思想、新战略的高度概括和科学总结，是新时代生态文明建设的根本遵循和行动指南。

当前，"生态文明建设是中国特色社会主义事业的重要内容。资源约束趋紧，环境污染严重，生态系统退化，发展与人口资源环境之间的矛盾日益突出，已成为经济社会可持续发展的重大瓶颈制约"。[1]面对复杂的环境状况，我们应当深刻认识到保护环境的紧迫性。由此引发的问题是：谁是保护环境的责任主体？这个问题的答案取决于视角的选择。基于本书是关于企业环境责任的研究，笔者从利益相关者理论、外部性理论、环境资源价值理论、可持续发展理论等视角论证企业是承担环境责任的重要主体之一。企业环境责任的履行贯穿于企业自成

---

[1] 2015年4月25日国务院颁布实施《关于加快推进生态文明建设的意见》的规定。

第九章 结 论

立以来的整个运行过程中,并且分布于企业建设、生产、信息披露等不同的领域。以具有显示性的企业所涉及的领域为主线,对我国现行的与企业环境责任相关的立法规范进行梳理,并与德国、美国、日本关于企业环境责任的相关立法及其实践进行比较考察,认为我国应当分别从政府层面、企业层面、司法层面的制度完善来构建企业环境责任制度的法律体系。具体讲,从政府层面看,应当完善政府环境监管体制;引入国际环境管理标准,确立企业产品环境标志制度;优化对地方政府的政绩考核制度。从企业层面看,应当建立企业环境责任内部控制机制,完善企业环境责任保险制度,健全生产者责任延伸制度,建立环境责任基金制度。从司法层面看,应当依据《环境保护法》为环境司法提供制度支持,建立环境行政与环境司法联动机制,完善环境公益诉讼制度。此外,为了保证企业环境责任履行的效果,应当关注现有环保法律制度的衔接整合,如环境影响评价制度与排污许可制度的衔接,排污许可制度与排污权交易制度的衔接,环境税与其他相关环境保护的税种的协调。

我国的生态文明国家战略已被联合国环境规划署写入向全世界可持续发展推介的经验材料,意味着生态文明建设也成为我国向国际社会的庄重承诺。作为法律理论与实务工作者,基于促进生态环境保护的使命感,期望能够尽己微薄之力,为我国的企业环境责任制度研究提出己见,推动我国的生态环境建设。

参考文献

一、学术期刊类

1. 梁燕君:"发达国家的环境保护及可借鉴经验",载《对外经贸实务》2010年第4期。
2. 李庆瑞:"新常态下环境法规政策的思考与展望",载《环境保护》2015年Z1期。
3. 任丙强:"地方政府环境政策执行的激励机制研究:基于中央与地方关系的视角",载《中国行政管理》2018年第6期。
4. 陆月娟:"论安德鲁·卡内基的财富思想",载《社会科学家》2005年第6期。
5. 张安毅、于澎涛:"公司慈善捐赠中董事行为的制约机制探讨",载《江南大学学报(人文社会科学版)》2015年第5期。
6. 李彦龙:"企业社会责任的基本内涵、理论基础和责任边界",载《学术交流》2011年第2期。
7. 黎友焕、魏升民:"企业社会责任评价标准:从SA 8000到ISO2 6000",载《学习与探索》2012年第11期。
8. 钟朝宏、干胜道:"'全球报告倡议组织'与其《可持续发展报告指南》",载《社会科学》2006年第9期。
9. 胡波:"罗尔斯'正义论'视野下的财产权",载《道德与文明》2015年第3期。
10. 侯怀霞:"企业社会责任的理论基础及其责任边界",载《学习与探索》2014年第10期。
11. 陈宏辉:"利益相关者理论视野中的企业社会绩效研究述评",载《生态经济》2007年第10期。

12. 高振、江若尘："企业的本质：市场失灵、组织失灵及组织演化视角"，载《兰州学刊》2017 年第 9 期。
13. 赵德志："企业社会责任的理论基础研究：视角与贡献"，载《辽宁大学学报（哲学社会科学版）》2014 年第 6 期。
14. 辜鹏："基于社会契约理论的跨文化经营"，载《WTO 经济导刊》2013 年第 8 期。
15. 方军雄："市场化进程与资本配置效率的改善"，载《经济研究》2006 年第 5 期。
16. 赵雪雁："社会资本测量研究综述"，载《中国人口·资源与环境》2012 年第 7 期。
17. 龚天平："企业伦理学：国外的历史发展与主要问题"，载《国外社会科学》2006 年第 1 期。
18. 赵惊涛："低碳经济视野下企业环境责任实施的路径选择"，载《吉林大学社会科学学报》2011 年第 6 期。
19. 马燕："公司的环境保护责任"，载《现代法学》2003 年第 5 期。
20. 刘萍："公司社会责任的重新界定"，载《法学》2011 年第 7 期。
21. 贾海洋："企业环境责任制度之构建"，载《经济法论坛》2018 年第 1 期。
22. 陈冠华："企业环境责任立法问题研究"，载《北京林业大学学报（社会科学版）》2017 年第 3 期。
23. 贾海洋："企业环境责任担承的正当性分析"，载《辽宁大学学报（哲学社会科学版）》2018 年第 4 期。
24. 苗书一等："ISO14001 环境管理体系认证在环境监测部门的应用"，载《环境与可持续发展》2014 年第 6 期。
25. 芮祥军、何文君："ISO14000 环境管理标准对我国企业发展的促进作用"，载《污染防治技术》2011 年第 4 期。
26. 金燕："《增长的极限》和可持续发展"，载《社会科学家》2005 年第 2 期。
27. 魏彦强等："联合国 2030 年可持续发展目标框架及中国应对策略"，载《地球科学进展》2018 年第 10 期。

28. 李秉祥、黄泉川："基于可持续发展的环境资源价值与定价策略研究"，载《社会科学》2005年第7期。
29. 宋国君、金书秦、傅毅明："基于外部性理论的中国环境管理体制设计"，载《中国人口·资源与环境》2008年第2期。
30. 陈圻、陈佳："成本外部化陷阱：创新与经济转型最大的制度性障碍——'去外部化'的政策选择"，载《中国软科学》2016年第2期。
31. 陈玉玲："生态环境的外部性与环境经济政策"，载《经济研究导刊》2014年第16期。
32. 何伟军等："博弈论视角下的企业绿色生产的外部性问题"，载《武汉理工大学学报（社会科学版）》2013年第6期。
33. 卢少军、余晓龙："环境风险防范的法律界定和制度建构"，载《理论学刊》2012年第10期。
34. 何香柏："风险社会背景下环境影响评价制度的反思与变革——以常州外国语学校'毒地'事件为切入点"，载《法学评论》2017年第1期。
35. 朱谦："困境与出路：环境法中'三同时'条款如何适用？——基于环保部近年来实施行政处罚案件的思考"，载《法治研究》2014年第11期。
36. 王金南等："中国排污许可制度改革框架研究"，载《环境保护》2016年第Z1期。
37. 生态环境部规划财务司："中国排污许可制度改革：历史、现实和未来"，载《中国环境监察》2018年9月12日。
38. 李宇军："生态文明视野下的企业环保责任——'腾格里沙漠违法排污'案例分析"，载《杭州师范大学学报（社会科学版）》2015年第6期。
39. 蒋春来等："基于排污许可证的碳排放权交易体系研究"，载《环境污染与防治》2018年第10期。
40. 刘晔、张训常："环境保护税的减排效应及区域差异性分析——基于我国排污费调整的实证研究"，载《税务研究》2018年第2期。
41. 刘田原："我国环境税制度的现实问题、域外经验及对策研究"，载《上海市经济管理干部学院学报》2018年第2期。
42. 马少华："企业社会责任动机的国外研究综述与展望"，载《商业经济》

2018 年第 6 期。

43. 裴洪辉："合规律性与合目的性：科学立法原则的法理基础"，载《政治与法律》2018 年第 10 期。
44. 张守文："经济法学的发展理论初探"，载《财经法学》2016 年第 4 期。
45. 尹磊："环境税制度构建的理论依据与政策取向"，载《税务研究》2014 年第 6 期。
46. 刘田原："可持续发展视阈下中国环境税收制度研究：理论基础、现实困惑及改革路径"，载《河北地质大学学报》2018 年第 3 期。
47. 王曦："论美国《国家环境政策法》对完善我国环境法制的启示"，载《现代法学》2009 年第 4 期。
48. 马允："美国环境规制中的命令、激励与重构"，载《中国行政管理》2017 年第 4 期。
49. 徐祥民、陈冬："NPDES：美国水污染防治法的核心"，载《科技与法律》2004 年第 1 期。
50. 于泽瀚："美国环境执法和解制度探究"，载《行政法学研究》2019 年第 1 期。
51. 徐鹏博："中德环境立法差异及对我国的启示"，载《河北法学》2013 年第 7 期。
52. 万秋山："德国循环经济法简析"，载《环境保护》2005 年第 8 期。
53. 翟巍："论德国循环经济法律制度"，载《理论界》2015 年第 5 期。
54. 徐祺昆："德国《环境责任法》对受害人保护的优劣分析"，载《环境保护》2012 年第 14 期。
55. 郝敏："构建循环经济法律体系若干问题的研究"，载《河北法学》2007 年第 10 期。
56. 李冬："论日本的循环型经济社会发展模式"，载《现代日本经济》2003 年第 4 期。
57. 薛金枝、朱庚富："中日大气污染控制法规比较及建议"，载《环境污染与防治》2008 年第 11 期。
58. 邱秋："日本、韩国的土壤污染防治法及其对我国的借鉴"，载《生态与农村环境学报》2008 年第 1 期。

59. 王虹等:"国外土壤污染防治进展及对我国土壤保护的启示",载《环境监测管理与技术》2006年第5期。

60. 朱静:"美、日土壤污染防治法律度对中国土壤立法的启示",载《环境科学与管理》2011年第11期。

61. 余晖:"中国政府监管体制的战略思考",载《财经问题研究》2007年第12期。

62. 高世楫、李佐军、陈健鹏:"从'多管'走向'严管'——简政放权背景下环境监管政策建议",载《环境保护》2013年第17期。

63. 陈冠华:"企业环境责任立法问题研究",载《北京林业大学学报(社会科学版)》2017年第3期。

64. 吕忠梅:"监管环境监管者:立法缺失及制度构建",载《法商研究》2009年第5期。

65. 杨博文:"论气候人权保护语境下的企业环境责任法律规制",载《华北电力大学学报(社会科学版)》2018年第2期。

66. 黄云:"我国环境标志法律制度分析",载《湖南大学学报(社会科学版)》2011年第2期。

67. 张凌云、齐晔:"地方环境监管困境解释——政治激励与财政约束假说",载《中国行政管理》2010年第3期。

68. 肖海军:"论环境侵权之公共赔偿救济制度的构建",载《法学论坛》2004年第3期。

69. 柯坚:"建立我国生态环境损害多元化法律救济机制——以康菲溢油污染事件为背景",载《甘肃政法学院学报》2012年第1期。

70. 卢瑛莹等:"基于'一证式'管理的排污许可证制度创新",载《环境污染与防治》2014年第11期。

71. 易玉敏、陈晨:"我国环境影响评价制度与排污许可制度整合和拓展过程中的问题解析及解决途径",载《环境科学导刊》2016年第4期。

72. 王灿发:"加强排污许可证与环评制度的衔接势在必行",载《环境影响评价》2016年第2期。

73. 王金南等:"中国排污许可制度改革框架研究",载《环境保护》2016年第Z1期。

74. 蒋春来等: "基于排污许可证的碳排放权交易体系研究", 载《环境污染与防治》2018年第10期。
75. 宋国君、赵英煦: "我国固定源实施排污许可证管理可行性研究", 载《环境影响评价》2016年第2期。
76. 蒋洪强、王飞、张静: "基于排污许可证的排污权交易制度改革思路研究", 载《环境保护》2017年第18期。
77. 李慧玲: "环境税立法若干问题研究——兼评《〈中华人民共和国环境保护税法〉(征求意见稿)》", 载《时代法学》2015年第6期。
78. 李齐云、聂秀萍: "论我国环境税定位与改革", 载《湖北经济学院学报(人文社会科学版)》2018年第10期。
79. Valor, Carmen: "Corporate Social Responsibility and Corporate Citizenship: Towards Corporate Accountability", *Business and Society Review*, 2005. 6.
80. Waddock, Sandra, Parallel Universes: Companies, Academics, and the Progress of Corporate Citizenship, *Business and Society Review*, 2004. 1.
81. A. A. Berle, Corporate Powers as Powers in Trust, Harvard Law Review, 1931. 45.
82. Branco M., Rodrigues L., "Corporate Social Responsibility and Resource-based Perspectives, *Journal of Business Ethics*, 2006. 2.
83. Melo T., Morgado A. G., Corporate Reputation: A Combination of Social Responsibility and Industry, *Corporate Social Responsibility and Environmental Management*, 2012. 19.
84. Schwartz M. S., Carroll A. B., Corporate Social Responsibility: A Three-domain Approach, *Business Ethics*, 2003. 4.
85. Brammer S., Brooks C., Pavelin S., The Stock Performance of America's 100 Best Corporate Citizens, *The Quarterly Review of Economics and Finance*, 2009. 3.
86. Fernnde K, When Necessity Becomes A Virtue: The Effect of Product Market Competition on Corporate Social Responsibility, *Journal of Economics and Management Strategy*, 2010. 2.
87. Flammer C., Does Product Market Competition Foster Corporate Social Re-

sponsibility? Evidence From Trade Liberalization, *Strategic Management Journal*, 2015. 10.
88. Robe R. , Tsond C. , Corporate Social Responsibility and Different Stages of Economic Development: Singapore, Turkey, and Ethiopia, *Journal of Business Ethics*, 2009. 4.

二、著作类

1. 梁慧星、陈华彬:《物权法》(第4版),法律出版社2007年版。
2. 孙宪忠编著:《物权法》,中国社会科学出版社2016年版。
3. 韩利琳:《企业环境责任法律问题研究:以低碳经济为视角》,法律出版社2013年版。
4. 沈洪涛、沈艺峰:《公司社会责任思想起源与演变》,上海人民出版社2007年版。
5. 陈宏辉:《企业利益相关者的利益要求:理论与实证研究》,经济管理出版社2004年版。
6. 涂俊:《企业环境责任批判与重构》,中国政法大学出版社2015年版。
7. 汪劲:《中外环境影响评价制度比较研究:环境与开发决策的正当法律程序》,北京大学出版社2006年版。
8. 李挚萍:《经济法的生态化——经济与环境协调发展的机制探讨》,法律出版社2003年版。
9. 金瑞林、汪劲:《20世纪环境法学研究评述》,北京大学出版社2003年版。
10. 叶俊荣:《环境政策与法律》,中国政法大学出版社2003年版。
11. [英]摩根·威策尔:《管理的历史:全面领会历史上管理英雄们的管理诀窍、灵感和梦想》,孔京京、张炳南译,中信出版社2002年版。
12. [德] G. 拉德布鲁赫:《法哲学》,王朴译,法律出版社2005年版。
13. [美]阿奇·B. 卡罗尔、安·K. 巴克霍尔茨:《企业与社会伦理与利益相关者管理》(原书第5版),黄煜平等译,机械工业出版社2004年版。
14. [美]约瑟夫·W. 韦斯:《商业伦理——利益相关者分析与问题管理

方法》(第 3 版),符彩霞译,中国人民人学出版社 2005 年版。

15. [美] 乔治·斯蒂纳、约翰·斯蒂纳:《企业、政府与社会》,张志强、王春香译,华夏出版社 2002 年版。

16. [美] 托马斯·唐纳森、托马斯·邓菲:《有约束力的关系——对企业伦理学的一种社会契约论的研究》,赵月瑟译,上海社会科学出版社 2001 年版。

17. [德] 乔治·恩德勒:《面向行动的经济伦理学》,高国希等译,上海社会科学院出版社 2002 年版。

18. [美] 卡兰、托马斯:《环境经济学与环境管理:理论、政策与应用》(第 3 版),李建民、姚从容译,清华大学出版社 2006 年版。

19. [美] 罗伯特·V. 珀西瓦尔:《美国环境法——联邦最高法院法官教程》,赵绘宇译,法律出版社 2014 年版。

后 记

　　《联合国人类环境宣言》声明，保护和改善人类环境是关系到全世界各国人民的幸福和经济发展的重要问题，也是全世界各国人民的迫切希望和各国政府的责任。为了这一代和未来世世代代的利益，地球上的自然资源，其中包括空气、水、土地、植物和动物，必须通过周密计划或适当管理加以保护。人类对自己赖以生存的地球需要珍爱，需要维护，需要以切实的行动来履行保护环境的义务。对于企业而言，其生产经营活动依赖于地球上的环境资源，也带来了不同程度的环境污染和资源的破坏，因此，作为从环境资源利用中受益的企业，基于权利义务相统一的原则，应当承担起主要的环境保护的责任，以实现环境公平与正义。

　　本书从企业环境责任角度出发，采用学科交叉研究、案例研究、比较研究等研究方法，并结合典型的司法判例样本分析，通过对我国有关企业环境责任的法律制度的纵向梳理和国别法律制度的横向考察，提出了我国落实企业环境责任的制度路径，以此作为法学工作者对环境保护所尽之力，可能力量微弱，但心之诚诚。

　　本书的出版得益于中石化胜利油田分公司项目基金的支持，得益于中国石油大学（华东）自主创新项目基金的支持，在此对两位尊敬的项目负责人表示感谢。

　　本书的出版离不开中国政法大学出版社丁春辉编辑的大力帮助，丁编辑对工作的认真态度和谦逊的品格值得敬佩。

后 记

  在本书的撰写过程中，中国石油大学（华东）法学硕士研究生于文龙同学和唐洁同学参与了部分资料搜集整理工作，从中得到了锻炼，为他们的成长感到欣慰。

  最后，祝愿我们的生活环境越来越美好！